Bake Master

烘焙教父

黎国雄妙手烘焙

黎国雄◎主编

U0388207

黑龙江科学技术出版社
HEILONGJIANG SCIENCE AND TECHNOLOGY PRESS

图书在版编目（CIP）数据

烘焙教父：黎国雄妙手烘焙 / 黎国雄主编. -- 哈
尔滨：黑龙江科学技术出版社，2017.8
　ISBN 978-7-5388-9240-6

　Ⅰ. ①烘… Ⅱ. ①黎… Ⅲ. ①烘焙－糕点加工 Ⅳ.
①TS213.2

　中国版本图书馆CIP数据核字(2017)第092832号

烘焙教父：黎国雄妙手烘焙
HONGBEI JIAOFU：LIGUOXIONG MIAOSHOU HONGBEI

主　　编	黎国雄	
责任编辑	马远洋	
摄影摄像	深圳市金版文化发展股份有限公司	
策划编辑	深圳市金版文化发展股份有限公司	
封面设计	深圳市金版文化发展股份有限公司	
出　　版	黑龙江科学技术出版社	
	地址：哈尔滨市南岗区公安街70-2号　邮编：150007	
	电话：（0451）53642106　传真：（0451）53642143	
	网址：www.lkcbs.cn　www.lkpub.cn	
发　　行	全国新华书店	
印　　刷	深圳市雅佳图印刷有限公司	
开　　本	720 mm×1020 mm　　1/16	
印　　张	10	
字　　数	80千字	
版　　次	2017年8月第1版	
印　　次	2017年8月第1次印刷	
书　　号	ISBN 978-7-5388-9240-6	
定　　价	35.00元	

前 言

烘焙，
与家人分享幸福的味道

烘焙像风一样迅速吹遍全球，
越来越多的人，
开始想要亲手做出美味的烘焙食品给自己和家人品尝。

在购买烘焙食品远比自己烘焙方便快捷的时代，
为什么自制烘焙还会如此流行？

除了省钱、放心，自己不会添加防腐剂外，
更多的原因可能还在于烘焙自身的乐趣。

在干净整洁的厨房，
用洁净的双手优雅地将面粉加水揉捏成面团，
看着都觉得有趣。
更有趣的是，你可以将这面团做成香气浓郁的面包，
也可以做成酥脆可口的饼干；
可以做成幸福美味的蛋糕，
也可以做成充满爱意的甜点。
特别是在它们出炉时，满屋的飘香，更是令人动容。

想到自己烘焙的成果，
在亲朋好友品尝过后得到由衷的赞叹，
谁的心里不会产生些许幸福和甜美的感觉呢？

为了将亲手做烘焙的幸福带给更多的人，
我们特意请烘焙教父黎国雄老师编写了这本书。

本书分为五个章节，
第一章，我们向读者初步展示烘焙的世界，
包括基本的烘焙工具、常用的烘焙材料等。
余下的四章，我们讲述实际的做法，
依次是第二章 "香气浓郁的面包"，
第三章 "妙不可言的饼干"，
第四章 "幸福美味的蛋糕"，
第五章 " 充满爱意的甜点"。

每款烘焙我们都采用图文并茂的形式，
有的不仅有详细的制作步骤，
还配有关键的步骤图，
让初学者就能轻易学会，
有一定基础的读者，
也可以在反复练习中，
举一反三让自己的技艺更上一层楼！

目　录

Part1
烘焙制作须知

　　自己做烘焙，是一种乐趣，也是一种幸福。将简单的面粉制成各种面包、饼干、蛋糕或甜点，想着都很有成就感。此外，烘焙并不像中餐那样"规矩"，你可以任意发挥。作为一个新手，总遇到一些出乎意料的问题。不过，不用担心，你可能会遇到的问题黎老师都帮你想到了。

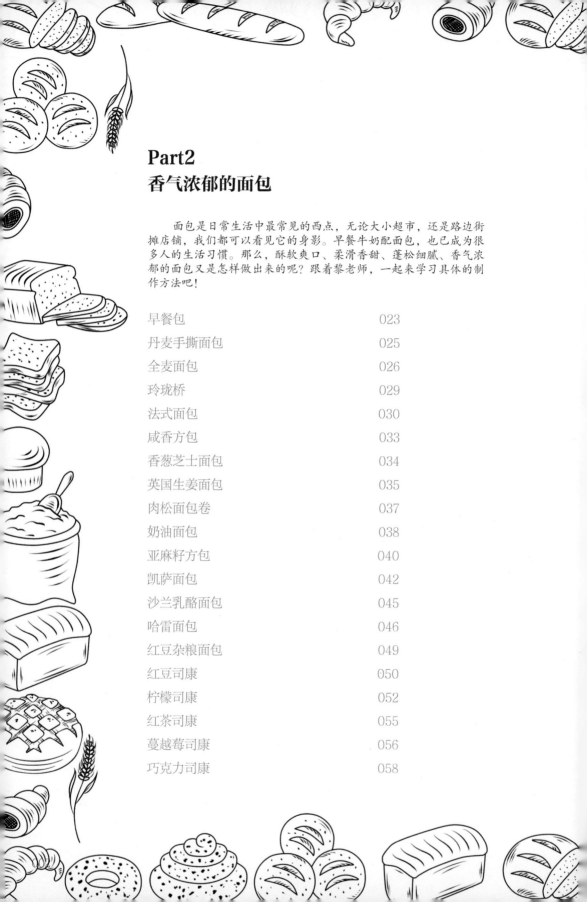

Part2
香气浓郁的面包

面包是日常生活中最常见的西点，无论大小超市，还是路边街摊店铺，我们都可以看见它的身影。早餐牛奶配面包，也已成为很多人的生活习惯。那么，酥软爽口、柔滑香甜、蓬松细腻、香气浓郁的面包又是怎样做出来的呢？跟着黎老师，一起来学习具体的制作方法吧！

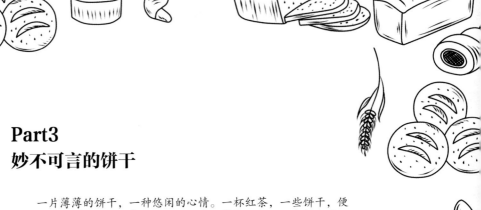

Part3
妙不可言的饼干

　　一片薄薄的饼干，一种悠闲的心情。一杯红茶，一些饼干，便是一个娴静的下午。口感上，它可以香甜绵软，也可以咸鲜爽脆；造型上，它可以精致小巧，也可以简单亲切。当然，饼干的这些多样的变化全凭制作者自己掌控。有趣的人生，谁又能少得了这妙不可言的饼干！

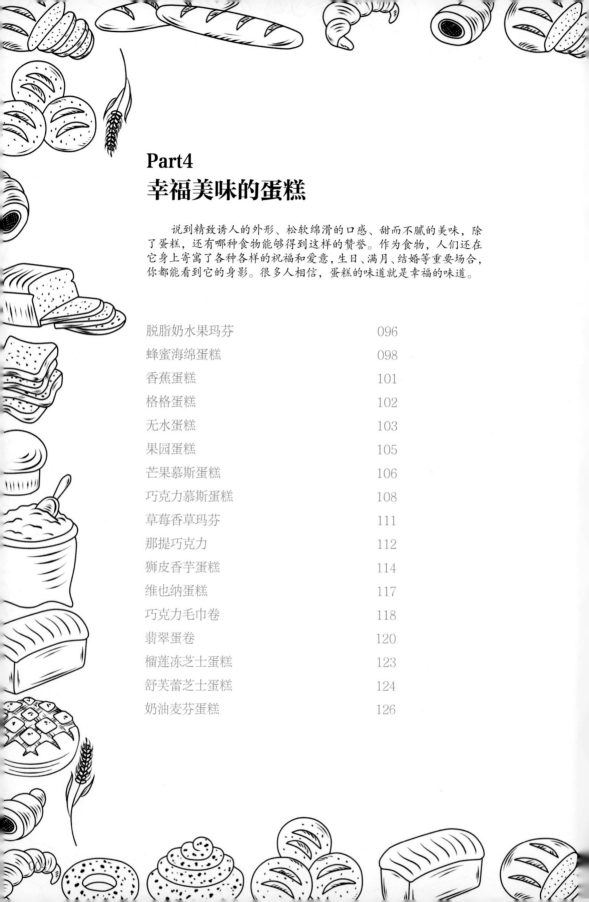

Part4
幸福美味的蛋糕

　　说到精致诱人的外形、松软绵滑的口感、甜而不腻的美味，除了蛋糕，还有哪种食物能够得到这样的赞誉。作为食物，人们还在它身上寄寓了各种各样的祝福和爱意，生日、满月、结婚等重要场合，你都能看到它的身影。很多人相信，蛋糕的味道就是幸福的味道。

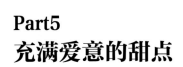

Part5
充满爱意的甜点

　　喜欢酥脆的酥皮、厚重的奶油霜、酸酸甜甜的水果叠加在一起做成的水果派；喜欢精致香甜的松饼，如同海报般色泽鲜艳，让人难以忘怀；喜欢热气腾腾的蛋挞，咬上一口，满齿馨香，烫化内心的柔软。喜欢这一道道倾心靓丽的神奇美味，它们都是让人充满爱意的甜点。

自己做烘焙，是一种乐趣，也是一种幸福。

让简单的面粉制成各种面包、饼干、蛋糕或甜点，

想着都很有成就感。

可是，烘焙它却并不像中餐那样"规矩"，

你可以任意发挥。

作为一个新手，

总会遇到一些出乎意料的问题，

不过，不用担心，你可能会遇到的问题黎老师都

帮你想到了。

Part1

烘焙制作须知

享受烘焙乐趣

化解各种疑难问题

烘焙的基本材料

俗话说"巧妇难为无米之炊"，烘焙同样如此。想要做好烘焙，除了需要一定的技巧，还需要了解烘焙材料的基本特征。善用食物能让它们发挥独特的魅力，发生奇妙的化学反应。

全麦面粉

全麦面粉是由全粒小麦经过加工工序获得的粉类物质，比一般面粉粗糙，麦香味浓郁，主要用于面包和西点的制作。

高筋面粉

高筋面粉的蛋白质含量在 12.5%~13.5%，色泽偏黄，颗粒较粗，不容易结块，因蛋白质含量高，所以筋度强，比较有弹性，适合用来做面包、千层酥等。

中筋面粉

中筋面粉即普通面粉，蛋白质含量在 8.5%~12.5%，颜色为乳白色，筋度介于高、低筋面粉之间，粉质半松散，多用于中式点心的制作。

低筋面粉

低筋面粉的蛋白质含量在 8.5% 左右，色泽偏白，因为筋度较弱，所以常用于制作蛋糕、饼干等。如果没有低筋面粉，也可以按 75 克中筋面粉配 25 克玉米淀粉的比例自行配制。

杂粮面粉

杂粮面粉是由五谷杂粮粉和面粉掺和而成的粉类，可以用来制作杂粮馒头和面包等。

泡打粉

泡打粉，又称发酵粉，是一种膨松剂，一般都是由碱性材料配合其他酸
性材料，并以淀粉作为填充剂组成的白色粉末。

绿茶粉

绿茶粉是一种细末粉状的绿茶，它在最大限度下保持茶叶原有营养成分，
可以用来制作蛋糕、绿茶饼等。

可可粉

可可粉是可可豆经过各种工序加工后得出的褐色粉状物。可可粉有其独
特的香气，可用于制作巧克力、饮品、蛋糕等。

糖粉

糖粉一般为白色的粉末状，颗粒非常细小，可直接用粉筛过滤在西点和
蛋糕上做装饰用。

酵母

酵母是一种天然的发酵剂，能够把糖发酵成乙醇和二氧化碳，并使做出
来的包子、馒头等味道纯正、浓厚。

细砂糖

细砂糖是一种结晶颗粒较小的糖，因为其颗粒较细小，通常用于制作蛋糕或饼干。适当地食用细砂糖有利于提高人体对钙的吸收能力，但不宜多吃。

片状酥油

片状酥油是一种浓缩的淡味奶酪，其颜色形状类似黄油，主要用来制作酥皮点心。

黄油

黄油是由牛奶加工而成，是将牛奶中的稀奶油和脱脂乳分离后，使稀奶油成熟并经过搅拌形成的。

淡奶油

淡奶油一般是指动物淡奶油，打发后作为蛋糕的装饰，其本身不含糖分，与牛奶相似，却比牛奶更为浓稠。奶油打发前，需在冰箱冷藏8小时以上。

色拉油

色拉油是由各种植物原油经多个工序精制而成的食用油。烘焙时所用的色拉油一定要是无色无味的，如玉米油、葵花籽油、橄榄油等。由于花生油香味较重，所以最好不要使用花生油。

牛奶

牛奶是从雌性奶牛身上挤出的液体，被称为"白色血液"。其味道甘甜，含有丰富的蛋白质、乳糖、维生素、矿物质等，营养价值极高。

黑巧克力

黑巧克力主要是由可可豆加工而成的产品，其味道微苦，通常用于制作蛋糕。适当食用黑巧克力可以保护心血管。

白巧克力

白巧克力是由可可脂、糖、牛奶和香料制成，是一种不含有可可粉的巧克力，但含乳制品和糖分较多，因此甜度较高。

吉利丁

吉利丁又称明胶或鱼胶，是由动物骨头提炼而成的蛋白质凝胶，分为片状和粉状两种，常用于烘焙甜点的凝固和慕斯蛋糕的制作。

蔓越莓干

蔓越莓干又称为蔓越橘、小红莓，经常用于面包、糕点的制作，可以增添烘焙甜品的口感。

葡萄干

葡萄干是由葡萄晒干加工而成的，味道鲜甜，不仅可以直接食用，还可以放在糕点中加工成食品，供人品尝。

椰蓉

椰蓉是由椰子的果实制作而成，可以作为面包的夹心馅料，具有独特的风味。

烘焙常用工具

烘焙工具是烘焙制作的器具，想要制作出美味的烘焙食物就必须准备好各种所需工具，只有有效地利用这些常见工具才能做出各式各样的烘焙食品。以下便是烘焙制作时所需的工具。

烤箱

烤箱在家庭中使用时一般都是用来烤制饼干、点心和面包等食物。它是一种密封的电器，同时也具备烘干的作用。

电子秤

准确控制材料的量是烘焙成功的第一步，电子秤是非常重要的工具。它适合在西点制作中用来称量需要正确分量的材料。

量杯

一般杯壁上都有容量标示，可以用来量取材料，如水、奶油等。要注意读数时的刻度，量取时还要恰当地选择合适的量程。

量勺

量勺通常是塑料或者不锈钢材质的，呈圆形或椭圆状，且带有小柄的一种勺子，主要用来盛液体或细碎的物体。

电动搅拌器

电动搅拌器包含一个电机身、一个打蛋棒和一个搅面棒。电动搅拌器可以使搅拌工作更加快速，把材料搅拌得更加均匀。

蛋清分离器

一个专门用来分离蛋清和蛋黄的器具。

长柄刮刀

长柄刮刀是一种软质、如刀状的工具，是西点制作中不可缺少的利器。它可以将各种材料拌匀，也可以将紧紧贴在碗内壁的蛋糕糊刮干净。

刮板

刮板是烘焙用的薄板，通常为塑料材质，多用来压拌材料。它不仅可以在揉面时刮掉面板上的材料，也可以将整好形的小面团移到烤盘上去，还可以用来做鲜奶油的装饰或整形。

玻璃碗

玻璃碗是指玻璃材质的碗，主要用来打发鸡蛋或搅拌面粉、糖、油和水等。制作西点时，至少要准备两个玻璃碗。

擀面杖

中国古老的一种用来压制面条、面皮的工具，多为木制。一般长而大的擀面杖用来擀面条，短而小的擀面杖用来擀饺子皮，而在烘焙中则协助制作点心。

手动搅拌器

手动搅拌器是制作西点时必不可少的工具之一，可以用于打发蛋白、黄油等，但使用时费时费力，适合用于材料混合搅拌等不费力气的步骤中。

裱花袋、裱花嘴

裱花袋是烘焙中常用的一种三角状塑料袋，裱花嘴则是用来给奶油定型的圆锥形工具。通常裱花嘴会与裱花袋配套使用，把奶油挤出花纹定型在蛋糕上。

蛋糕脱模刀

蛋糕脱模刀长 20 ~ 30 厘米，一般是塑料或者不锈钢的。用它紧贴蛋糕模壁轻轻地划一圈，再倒扣蛋糕模，即可分离蛋糕与蛋糕模。

油刷

油刷长约 20 厘米，一般以硅胶材质为主，质地柔软且有弹性，不易掉毛。烘焙中，油刷通常用于模具表面刷抹油脂，也可以在面包上涂抹酱料。

保鲜膜

保鲜膜是人们用来保鲜食物的一种塑料包装制品，在烘焙中常常用于阻隔面团与空气接触。

奶油抹刀

奶油抹刀一般用于蛋糕裱花的时候抹平奶油，或者在食物脱模的时候分离食物和模具，以及其他各种需要刮平和抹平的地方都可以使用。

烘焙纸

烘焙纸用于烤箱内烘烤食物时垫在底部，防止食物黏在烤盘上导致清洗困难，而且还可以保证食品的干净卫生。

锡纸

锡纸多为银白色，实际上是铝箔纸。当食品需要烘烤时，用锡纸包裹可防止烤焦，还能防止水分流失，保留鲜味。

活动蛋糕模

圆形活动蛋糕模，主要用于制作戚风、海绵蛋糕等。使用这种活底蛋糕模比较方便脱模。规格大致上是直径 20 厘米、27 厘米的。

不沾油布

不沾油布是一种表面光滑、不沾油、不变形、耐高温的布，可代替烘焙纸使用。在烘焙饼干、面包时垫在烤盘上面，防止烤盘表面沾上油脂，用后清洁晾干，可反复使用。

吐司模

吐司模，顾名思义是一种主要用于制作吐司的模具。为了使用方便，建议在选购时直接购买不粘金色吐司模，使用时不需要涂油便可防粘。

布丁模

布丁模一般是由陶瓷、玻璃制成的杯状模具，形状各异，可以用来做布丁等多种小点心，小巧耐看，耐高温。可用白醋和清水清洗。

挞模、派盘

制作挞类、派点心的必要工具。挞模、派盘的规格很多，有不同大小、深浅、花边，可以根据需要购买。

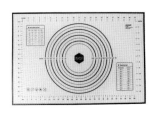

硅胶垫

硅胶垫具有防滑功能，揉面时将它放在台面上便不会随便乱动，而且上面还有刻度，可以把握材料的用量，清洗也非常方便。

齿形面包刀

齿形面包刀形状如普通的厨房小刀，但是刀刃上带有明显的锯齿，一般用来切面包，当然也可以用来切蛋糕。

蛋糕纸杯

用来制作麦芬蛋糕，也可以制作其他的纸杯蛋糕。有很多种大小和花色可供选择，可根据自己的爱好购买。

电子计时器

电子计时器是一种用来计算时间的仪器。种类非常多，一般厨房计时器都是用来观察烘焙时间的，以免时间不够或者超时等。

烤箱温度计

测试烤箱温度或食物温度时使用。烤箱温度计的使用方法是在预热的时候将温度计放入烤箱中，稳定在所需温度时即可放入食物烘焙。

烘焙的技巧

在一些西方国家，烘焙食品在日常生活中占据着重要位置。近年来，随着西方文化的引进与传播，西方的饮食习惯也逐渐被更多的国人所熟知，与之相对应的烘焙食品也随之流行。由于烘焙食品营养丰富、外形多变，所以受到越来越多人的喜爱。

食品的美味除了源自材料的优质，还来自制作者的匠心独运。对于烘焙这门精致的手艺来说尤其如此。从选料，到烘焙时间、温度的把握，每一样都需要具备足够的技巧。

但是对于一些新手来说，烘焙时往往会有很多问题出现，下面就让我们来了解一下烘焙中的常见问题。

烘焙的材料及工具一般在哪里选购？

①烘焙食品一般是西点，制作西点的工具目前还不普及，所以在一般超市中找到的器具可能不齐全，因此，购买烘焙工具需要到专门的厨具店、烘焙用品店或网上商店等才能选购齐全。

②烘焙的材料，如面粉、酵母、鸡蛋、糖、油等，在一般超市就可以进行选购，但是某些较为精制的用料，如芝士粉、绿茶粉、奶酪等可能需要到大型的超市或专门的烘焙用品店才能买到。

烘焙时是否要采取防粘措施？如何操作？

①在制作西点时，不管是使用烤盘或是其他的烤制模具，一般都需要采取防粘措施。但如果使用的烤盘或是模具本身就具有防粘特性，这种情况下可以不采用防粘措施。

②防粘措施一般是指在烤盘或烤制模具上垫烘焙用锡纸或油纸，此外，垫上高温布也是比较常用的方法。如果是面包、蛋糕的模具，可以在模具内部涂上一层软化的黄油，再在模具壁上均匀涂撒一层干面粉，防止粘黏的效果会更好。

在家里烤面包，为了省时可否一次烘烤两盘？

①如果是在家中烘烤面包或蛋糕，一般都不建议一次烤两盘。因为通常情况下，家用的烤箱本身受热就存在不均匀的现象，如果一次性放进两盘材料，会加剧受热不均匀的程度，

造成烘烤失败。

②此外，烘焙时所用的烤盘一般都具有隔热效果，在烤箱中同时放入两个烤盘，会直接导致两盘西点都没有办法达到正常的烘烤温度，从而影响西点成品的品质。

③在家中烘烤面包或蛋糕等西点时，最好一次放进一个烤盘，这样才能保证烤盘在烤箱中受热均匀，也能保证烘烤的安全及点心的口感。

为什么烘焙时会有点心不熟或者烤焦的情况？

①烘焙最后的成品，包括点心、蛋糕、面包等有不熟或者烤焦的情况出现，应该先对照检查一下，是否在制作过程中严格按照配方要求的时间和温度进行操作，时间和温度的误差有可能会造成点心不熟或烤焦的结果出现。

②此外，不排除家用烤箱温度不准的情况。有时候即使是同一品牌同一型号的烤箱，也存在每台烤箱之间温度有所差异，所以不仅要参考配方的时间和温度，还要根据实际情况稍作调整。

③在烘烤的时候，尤其是进入最后阶段时，最好能够在旁边仔细观察西点的上色情况，以保证西点最后能够达到烘烤的合适温度，避免不熟或是烤焦。

怎样保存奶油最好？

①奶油的保存方法并不简单，绝不是随意放入冰箱中就可以的。最好先用纸将奶油仔细包好，然后放入奶油专用盒或密封盒中保存。这样，奶油才不会因水分散发而变硬，也不会沾染冰箱中其他的味道。

②大多数种类的奶油，放在冰箱中以 2~5℃冷藏，都可以保存 6~18 个月。若是放在冷冻库中，则可以保存更久，但缺点是，使用时要提前拿出来解冻。有一种无盐奶油，极容易腐坏，一旦打开，最好尽快食用。

面包制作的基本知识

面包含有蛋白质、脂肪、糖类、少量维生素，以及钙、钾、镁、锌等矿物质，口味多样，易于消化、吸收，食用方便。至于如何制作面包，其关键在于面团的制作和发酵。以下内容将为大家介绍制作面包的常见问题和面包发酵的注意事项。

制作面包常见的问题

● 为什么出炉后的面包体积过小？
① 酵母量不足或酵母量多糖少，酵母过于陈旧或储存温度太高，新鲜酵母未解冻。
② 面粉储存太久或太新鲜，面粉筋度太弱或太强。
③ 面团含盐量、糖量、油脂、牛奶太多，改良剂太多或太少，使用了软水、硬水、碱性水、硫黄水等。
④ 面粉用量和面团温度不当，搅拌速度、发酵的时间和温度掌握不好。
⑤ 烤盘上涂油太多，烘烤温度和烘烤时间控制不当，或蒸汽不足、气压太大等。

● 为什么出炉后的面包体积过大？
① 面粉质量差，盐量不足。
② 发酵时间太久。
③ 烘烤温度过低。

● 为什么出炉后的面包表皮太厚？
① 面粉筋度太强，或用量不足。
② 油脂量不当，糖、牛奶用量少，改良剂太多。
③ 发酵太久或缺淀粉酶。
④ 湿度、温度控制不准确。
⑤ 烤盘中放的油过多。

面包发酵的注意事项

● 影响面团发酵的因素有哪些?
① 酵母的质量和用量：酵母用量多，发酵速度快；酵母用量少，发酵速度慢。酵母质量对发酵也有很大影响，保管不当或贮藏时间过长的酵母，色泽较深，发酵力降低，发酵速度减慢。
② 室内温度：面团发酵场所的温度高，发酵速度快；温度低，发酵速度慢。温度一定要在一个适宜的范围。
③ 水温：在常温下采用40℃左右的温水和面，制成面团温度为27℃左右，最适宜酵母繁殖。

水温过高，酵母易被烫死；水温过低，酵母繁殖较慢。如果在夏天，室温比较高，为避免发酵速度过快，宜采用冷水和面。

④盐和糖的加入量：少量的盐对酵母生长发育是有利的，但过量的盐则使酵母繁殖受到抑制。糖可为酵母繁殖提供营养，但也不能过量。糖分占面团总量5%左右，有利于酵母生长，使酵母繁殖速度加快。

● 搅拌时间对面包发酵有什么影响？

搅拌时间的长短会影响面团的质量。

①如果搅拌姿势正常，时间适度，那么形成的面团能达到最佳状态，既有一定的弹性又有一定的延展性，为制成松软可口的面包打下良好的基础。

②如果搅拌不足，则面团不能充分扩展，没有良好的弹性和延展性，不能保留发酵过程中所产生的二氧化碳，也无法软化，所以做出的面包体积小，内部组织粗糙。

③如果搅拌过度，则面团过分湿润，易粘手，整形操作十分困难，面团搓圆后无法挺立，而是向四周流淌。这样烤出的面包内部有较多大孔洞，组织粗糙，品质很差。

● 怎样判断面团搅拌是否适度？

搅拌适度的面团，能用双手拉展成一张像玻璃纸那样的薄膜，整个薄膜分布均匀而光滑，用手触摸面团感觉到有黏性，但离开面团不会粘手，而且面团表面的手指痕迹会很快消失。

饼干制作的基本知识

饼干款式多样，口味丰富，而且方便携带与保存，所以一直是深受人们喜欢的食品之一。但饼干是精加工的食品，在每个制作环节都需要仔细做好，才能得到出色的成品。充分了解饼干的基础制作知识，就可以事半功倍！

制作饼干的重要材料

在饼干的制作中，水、糖、油是相当重要的材料，它们影响着饼干口感的硬、脆、酥。

● 水分决定硬度

这里的水分是指材料中连蛋白、牛奶和其他液体都在内的水分，这些水分主要影响饼干的软硬度，可以根据需要来调配水分的比例。

● 砂糖决定脆度

砂糖决定饼干的脆度，并能使面团不易松散。但在曲奇饼干中糖的作用较为特殊，砂糖和糖粉要共同存在：光用糖粉的曲奇纹路清晰，但口感会不够酥脆；光有砂糖的曲奇烘烤时会因完全舒展膨胀导致花纹消失。所以，双糖在曲奇的制作中能使面糊延展性保持平衡。

● 油决定酥度

油的含量会直接影响到饼干的酥度，油的含量越多，饼干就会越酥。但要注意的是油量一多就会导致面团不容易整形，影响制作，所以在制作面团的时候要注意控制油的比例。

制作饼干常用拌和法

制作饼干时最为常见的有糖油拌和法、粉油拌和法两种方式。

● 糖油拌和法

取出黄油，经室温软化后，分次加入湿性材料，再加入干性材料。如果蛋液或其他液体分量很大时，则要少量多次加入，并且确保每次都充分混合匀后再继续加，这样才能很好地避免出现油水分离现象。

● 粉油拌和法

这种方法就是先将所有的干性材料、粉类等混合均匀，再加入黄油，用手搓至混合材料呈细米粒状，最后加入备好的液体材料和匀。

制作饼干的注意事项

饼干是一种经过精细加工而成的食品，每一种成分和每一个操作细节都会对成品产生相应的影响。下面介绍一些制作饼干的注意事项，有助于你做好关键的环节。

● 粉类过筛后效果好

面粉吸湿性非常强，如果接触空气较长一段时间，就会吸附空气中的水分而产生结块。这时，需要过筛才能去除结块，从而使面粉在跟液体材料混合时，避免出现小疙瘩。另外，过筛还能使面粉变得更蓬松，更容易跟其他材料混合，方便制作。

在过筛的时候，可以将所有粉类都混合在一起倒入筛网内。过筛时一手持着筛网，另一手轻轻拍打筛网边缘，使粉类均匀地落到搅拌盆中。

● 材料恢复至室温更容易操作

制作饼干使用的材料中最常见的就是黄油，而黄油通常都需要在冰箱中冷藏储存，取出时质地比较硬。因此，最好在开始制作饼干之前将黄油取出，使其恢复至室温。待黄油变得比较软一点，再操作会比较容易，成品效果也会更好。

其次，鸡蛋也需要提前从冰箱取出，待其恢复至室温，再跟黄油等材料混合，这样会比较容易被均匀、充分地吸收。

奶油、奶酪等材料也需要在室温下放置半小时或一小时，充分恢复至室温，操作就更加容易。

● 少量多次加蛋液可避免油水分离

材料一次加入搅拌似乎比较省事，但有些材料是必须少量多次地与其他材料混合才更好。例如在黄油和糖混合打发之后，要多次加入已经打散的蛋液，并且确保每次加入的蛋液充分拌匀，被黄油吸收完全后再加入适量的蛋液继续拌匀。

另外，因为鸡蛋含有很多水分，如果一次倒入所有的蛋液，会使油脂和水分不容易结合，造成油水分离，导致搅和拌匀变得非常吃力。所以，材料分次加入，才能省事，才能做出美味。

● 生坯的码放要有间隔

饼干在烘烤后体积会膨大一些，所以在烤盘中码放时要注意每个生坯之间要留一些空隙，以免烤完后，饼干边缘相互粘黏在一起。而且，留有间隔可以使火候均匀，烘烤的效果也会更好。

● 生坯的大小要均匀

尽量做到每块生坯薄厚、大小相对均匀，这样在烘烤时，才能使烤出来的饼干色泽均匀，口感一致。不然，烤出来的成品可能会生熟不匀，口感糟糕。

● 烤箱要提前预热

在烘烤之前，一定要提前将温度旋钮调至需要的温度，再打开开关，使烤箱内部空烤一段时间。预热是为了使生坯进入烤箱时就能达到所需要的温度，从而获得更佳的烘焙效果。

烤箱预热可以使饼干面团迅速定型，并且保持较好的口感。烤箱预热的时间需要根据其容积来调整，容积越大的烤箱需要预热的时间就越长，但大部分烤箱需要预热的时间都在 5 ～ 10 分钟。

常见问题解析

经过一番工夫做出来的饼干并不会总让人满意，但是没有关系，我们可以从失败的教训中找到成功的关键，下一次就会更好！

●饼干表面起泡，影响美观

（1）烤箱前区尤其上火的温度太高，会导致饼干起泡。所以要控制烤箱温度，最好是逐渐增高上火的温度。

（2）膨松剂结块未被打散，导致烘焙时饼干起泡。所以，要将结块的膨松剂粉碎再用。

（3）面团弹性太大，在烘烤的时候，面筋挡住气体通道，气体无法散出，从而使饼干表面起泡。因而要注意降低面团弹性。

● 饼干易碎，口感不佳

饼干容易破碎的情况有两种：

（1）饼干膨胀过度，结果过于疏松，质感差。出现这种情况时，要注意减少膨松剂的使用量。

（2）另外，如果配料中的淀粉或饼干屑含量过高，也会导致成品易碎，影响口感，这就有必要减少它们的使用量。

● 饼干难以上色

导致饼干难以上色的原因一般是配方中含糖量太少，可以适当地增加转化糖或饴糖的用量，使比例更加合理。

此外，如果不想使用色素，就必须用到还原糖，还原糖的上色效果颇佳。

● 饼干口感粗糙

如果饼干的口感很粗糙，一般都与配方中的油、糖用量偏少有很大的关系，如要改变这种状况，可以适当增加油、糖的用量。

面包是日常生活中最常见的西点，

无论大小超市，

还是路边街摊店铺，

我们都可以看见它的身影。

早餐牛奶配面包，也已成为很多人的生活习惯。

那么，酥软爽口、柔滑香甜、蓬松细腻、香气浓

郁的面包又是怎样做出来的呢？

跟着黎老师，一起来学习具体的制作方法吧！

Part2

香气浓郁的面包

品味清晨味道

20 款优质早餐伴侣

早餐包

这是一款简单易做的小餐包，没有馅料，就简单滚圆，一样很美味哦！

原料

高筋面粉............................500 克
黄油..70 克
奶粉..20 克
细砂糖..................................100 克
盐..5 克
鸡蛋..1 个
酵母..8 克
水....................................200 毫升
蜂蜜....................................适量

工具

玻璃碗、搅拌器、刮板各 1 个，保鲜膜 1 张，电子秤 1 台，烤箱 1 台，刷子 1 把

制作过程

1 将细砂糖、水倒入玻璃碗中，用搅拌器搅拌至细砂糖溶化。
2 把高筋面粉、酵母、奶粉倒在案台上，用刮板开窝。
3 倒入备好的糖水，将材料混合均匀，并按压成形。
4 加入鸡蛋，将材料混合均匀，揉搓成面团。
5 将面团稍微拉平，倒入黄油，揉搓均匀。
6 加入适量盐，揉搓成光滑的面团。
7 用保鲜膜将面团包好，静置 10 分钟。
8 用电子秤称取，将面团分成数个 60 克一个的小面团。
9 把小面团揉搓成圆球形，放入烤盘中，发酵 90 分钟。
10 将烤盘放入烤箱，以上下火 190℃烤 15 分钟至熟。
11 从烤箱中取出烤盘。
12 将烤好的早餐包装入盘中，刷上适量蜂蜜即可。

烘焙心得

揉搓面团时，如果面团粘手，可以撒上适量面粉。

丹麦手撕面包

这就是传说中层次分明、松酥香甜的面包,丹麦人的大爱,用手撕着吃,感觉倍儿棒。

 原料

高筋面粉	170 克
低筋面粉	30 克
细砂糖	50 克
黄油	20 克
盐	3 克
干酵母	5 克
鸡蛋	40 克
片状酥油	70 克
水	88 毫升

工具

刮板	1 个
擀面杖	1 根
模具	1 个
烤箱	1 台

制作过程

1 将低筋面粉加入高筋面粉中,拌匀,倒入干酵母、盐,拌匀,再倒在案台上,用刮板开窝。

2 倒入 88 毫升水、细砂糖,放入鸡蛋、黄油,揉成光滑面团;将片状酥油擀薄。

3 将面团擀成薄片,放上酥油片,将面皮折叠,擀平。先将三分之一的面皮折叠,再将剩下的折叠起来,放入冰箱,冷藏 10 分钟,取出。

4 取酥油面皮擀薄,纵向对折,中间切开一道口子,拧成麻花形状,再盘成团状,制成生坯,放入模具中,常温发酵 1.5 小时。

5 将烤箱上下火均调为 190℃,预热 5 分钟,放入发酵好的生坯。

6 烘烤 20 分钟至熟,将烤好的面包取出即可。

扫一扫,马上学

 烘焙心得

面包脱模的时候,动作力度要适中,可以借助蛋糕刀将面包与模具分开,以保持面包外形的完整。

全麦面包

全麦面包具有极高的营养价值，含丰富的天然纤维素、维生素和矿物质，有益于人们的身体健康。细细咀嚼，一股浓郁的麦香会在口腔里弥漫。

 原料

高筋面粉	200 克
细砂糖	50 克
全麦粉	50 克
鸡蛋	1 个
酵母	4 克
黄油	35 克
水	100 毫升

 工具

刮板	1 个
纸杯	4 个
烤箱	1 台
电子秤	1 台

🍲 制作过程

1 将高筋面粉、全麦粉、酵母倒在面板上，用刮板和匀，开窝。

2 倒入细砂糖、鸡蛋，拌匀，再加水，拌匀，放入黄油。

3 慢慢搅拌，至材料完全融合在一起，再揉成面团。

4 用电子秤称取60克左右的面团，揉圆，放入四个纸杯中，待发酵。

5 待面团发酵至两倍大，取纸杯，放在烤盘中，摆放整齐。

6 将烤盘放入预热好的烤箱中，设置上下火190℃烤15分钟至熟，取出面包装盘即可。

烘焙心得

黄油和细砂糖不宜太多，否则会影响面包的口感。

扫一扫，马上学

玲珑桥

原料

面团：

高筋面粉	425 克
低筋面粉	105 克
酵母	7 克
盐	4 克
细砂糖	75 克
鸡蛋	60 克
炼乳	75 克
水	175 毫升
黄油	50 克

其他：

黑橄榄	70 克
奶油芝士	120 克
片状酥油	150 克
细砂糖	20 克
淡奶油	40 毫升
蛋糕坯	适量
鸡蛋液	适量
糖粉	适量

工具

面包机	1 台
烤箱	1 台
擀面杖	1 根
齿形面包刀	1 把
奶油抹刀	1 把
量尺	1 把
刷子	1 把
玻璃碗	1 个
面粉筛	1 个

制作过程

1 面团制作：把高筋面粉、低筋面粉、酵母、盐、细砂糖、鸡蛋、炼乳、水、黄油倒进面包机中充分搅拌均匀。

2 将制好的面团擀成片状铺在盘中，撒入少许面粉，放入冰箱冷冻半小时。

3 取出冷冻好的面团片，将片状酥油放在面团片中间，两边向内折叠，并用擀面杖擀均匀，再折叠三次，并擀均匀。

4 借助量尺，用齿形面包刀把酥油面皮整形切割成两片：12 厘米 ×22 厘米（皮）和 14 厘米 ×22 厘米（底），再将面皮拉伸成网状。

5 把面底铺在烤盘上，在面底的面上放上蛋糕坯。

6 然后把细砂糖、奶油芝士和淡奶油倒入玻璃碗中搅拌均匀，制成芝士馅，用奶油抹刀抹在蛋糕上。

7 再铺上黑橄榄，用刷子在面底的边缘和网皮上刷上水。

8 盖上网皮并整理成形，然后放入烤箱醒发约 40 分钟，烤箱下层放一盘水，保持烤箱的湿度约 80%、温度约 30℃，醒发好后刷上鸡蛋液，再放入烤箱烘烤约 15 分钟。

9 最后取出烤好的玲珑桥放置一旁冷却，最后筛上糖粉即可。

 烘焙心得

经过烘烤的黑橄榄能散发出沁人心脾的香味，又能点缀整块玲珑桥。

法式面包

不同于大多数面包的松软，
法式面包以硬著称。虽然并
非人人喜欢，但在细嚼慢咽
中，它独特的口感会给你带
来意外的惊喜。

 原料

高筋面粉......................................250 克
酵母..5 克
水..80 毫升
鸡蛋..1 个
黄油..20 克
盐..1 克
细砂糖..20 克

工具

刮板..1 个
刀片..1 个
擀面杖..1 根
烤箱..1 台
电子秤..1 台

🍱 制作过程

1 将高筋面粉、酵母倒在面板上，拌匀，开窝，倒入鸡蛋、细砂糖、盐，拌匀。

2 加入水，再拌匀，放入黄油，慢慢地和匀，揉成面团。

3 用电子秤称取80克左右的两个面团，将面团揉圆。

4 取一个面团，压扁，擀薄，卷成橄榄形状，收紧口，装在烤盘中。

5 依此法制成另一个生坯，装在烤盘中，发酵至两倍大，在生坯表面斜划两刀。

6 在面包生坯表面撒上过筛的面粉，在划痕处放上黄油。

7 将烤盘放入预热好的烤箱，设置上下火200℃烤约15分钟，至面包熟透。

8 断电后取出烤盘，稍稍冷却后拿出烤好的成品，装盘即可。

 烘焙心得

上等的法式面包，其外皮是脆而不碎，因此要掌握好烘焙的时间。对于此款面包来说，烤得硬一点方会有最佳的口感。

扫一扫，马上学

咸香方包

什么才是真正的外焦里嫩、鲜香可口，只要尝一口咸香面包，我想你就会明白了。

 制作过程

1 细砂糖加水溶化。高筋面粉、酵母、奶粉拌匀，用刮板开窝，倒入糖水。
2 加鸡蛋、黄油、盐混合均匀，揉搓成光滑的面团。
3 用保鲜膜包好，静置 10 分钟。
4 在模具中刷上适量黄油。
5 称取 350 克的面团，用擀面杖将其擀平，在面皮上抹上盐。
6 卷成橄榄形，放入模具发酵 90 分钟。
7 以上火 190℃、下火 190℃烘烤 30 分钟。
8 取出模具，脱模即可。

 原料

高筋面粉	500 克
黄油	70 克
奶粉	20 克
细砂糖	100 克
盐	5 克
鸡蛋	50 克
酵母	8 克
水	200 毫升

 工具

刮板、搅拌器	各 1 个
方形模具	1 个
擀面杖	1 根
刷子	1 把
烤箱	1 台
保鲜膜	1 张

烘焙心得

面团发酵时间不能太短，否则烤好的面包会塌陷或收缩，影响口感。

烘焙教父：黎国雄妙手烘焙

香葱芝士面包

 原料

高筋面粉	500 克
黄油	70 克
奶粉	20 克
细砂糖	100 克
盐	5 克
鸡蛋	1 个
酵母	8 克
水	200 毫升
芝士粒、葱花、蛋液各适量	

工具

玻璃碗、刮板、搅拌器各 1 个，保鲜膜 1 张，面包纸杯 4 个，烤箱 1 台，刷子 1 把

制作过程

1 将细砂糖、水倒入容器中，搅拌至细砂糖溶化，制成糖水待用。

2 把高筋面粉、酵母、奶粉倒在案台上，拌匀，用刮板开窝，倒入糖水，加入鸡蛋，揉搓成面团。

3 将面团稍微拉平，倒入黄油，揉搓均匀，加入盐，揉搓成光滑的面团。

4 用保鲜膜将面团包好，静置 10 分钟，取适量面团，分成四个小面团，搓成小球状，制成面包生坯。

5 备好面包纸杯，放入面包生坯，常温发酵两小时至比原来大一倍，放入烤盘中，面包生坯表面刷上蛋液，放上芝士粒、葱花。

6 烤盘放入烤箱中，温度调至上下火 190℃，烤 10 分钟至熟，取出即可。

英国生姜面包

 原料

高筋面粉	500 克
黄油	70 克
奶粉	20 克
细砂糖	100 克
盐	5 克
鸡蛋	1 个
酵母	8 克
姜粉	10 克
水	200 毫升

工具

刮板、搅拌器各 1 个，擀面杖 1 根，烤箱 1 台，保鲜膜适量

制作过程

1 将细砂糖、200 毫升水倒入容器中，搅拌至细砂糖溶化，制成糖水待用。

2 把高筋面粉、酵母、奶粉倒在案台上，开窝，倒入糖水，混合均匀，并按压成形。

3 加入鸡蛋，混匀，揉成面团，稍微拉平后倒入黄油，揉匀，加入盐，揉搓成光滑的面团。

4 用保鲜膜将面团包好，静置 10 分钟。

5 取适量面团压平，倒入姜粉，揉成纯滑的面团，切成四等份，分别均匀揉成小球生坯。

6 烤盘中放入生坯，常温发酵两小时至比原来大一倍，将发酵好的生坯放入预热好的烤箱中，温度调至上下火 190℃，烤 10 分钟至熟即可。

肉松面包卷

松软的面包被满满的肉松覆盖，光是闻着肉松的香味就让人垂涎不已。

 原料

高筋面粉	250 克
干酵母	2 克
黄油	30 克
鸡蛋	30 克
牛奶	15 毫升
蛋黄酱	适量
肉松	适量
盐	3 克
细砂糖	100 克
水	120 毫升
鸡蛋液	适量

 工具

烤箱	1 台
面包机	1 台
擀面杖	1 根
裱花袋	1 个
刀	1 把
烘焙纸	若干
刷子	1 把

 制作过程

1 备好面包机，依次放入水、牛奶、鸡蛋、细砂糖、高筋面粉、干酵母、盐、黄油，按下启动开关进行和面。

2 将和好的面团放在案板上，然后用擀面杖擀成长方形。

3 把擀好的面团铺在烤盘上打孔排气，放入烤箱发酵，根据实际情况发酵1~2小时。

4 把发酵好的面团上刷上鸡蛋液，并撒上肉松。

5 再用裱花袋挤上蛋黄酱。

6 烤箱预热，把成形的面团放进烤箱烘烤约12分钟，然后取出。

7 面包出炉后放在烘焙纸上，对半切开并挤上蛋黄酱。

8 最后用烘焙纸卷成形即可。

 烘焙心得

盐对控制面团发酵起着关键作用，因此，盐的用量必须适当。

烘焙教父：黎国雄妙手烘焙

奶油面包

晶莹剔透的椰蓉遇见洁白胜雪的奶油，便凝结成一种永不融化的情意，散发出独一无二的香气。

 原料

高筋面粉	250 克
清水	100 毫升
白糖	50 克
黄油	35 克
酵母	4 克
奶粉	20 克
蛋黄	15 克
打发鲜奶油、椰蓉、糖浆各适量	

 工具

刮板	1 个
擀面杖	1 根
烤箱	1 台
电子秤	1 台
蛋糕刀	1 把

🍲 制作过程

1 高筋面粉加酵母和奶粉，拌匀，开窝。

2 加入白糖、清水、蛋黄，搅匀。

3 放入黄油，揉搓成纯滑的面团。

4 分成 4 个 60 克的小面团，搓圆、擀薄。

5 从小面团前端开始，慢慢往回收，卷成橄榄的形状。

6 放入烤盘，发酵 30 分钟，入烤箱，以上下火 170 ℃烤约 13 分钟，取出。

7 用蛋糕刀将面包从中间划开，刷上糖浆，蘸上椰蓉，待用。

8 取一裱花袋，倒入打发的鲜奶油，挤入面包的刀口处即成。

烘焙心得

成品中挤入的奶油不宜太多，以免食用时溢出。

扫一扫，马上学

亚麻籽方包

红棕色的亚麻籽是面包师的最爱，它们可以改善面包的口感而且营养价值也非常高。

🍇 原料

高筋面粉	250 克
酵母	4 克
黄油	35 克
水	90 毫升
细砂糖	50 克
鸡蛋	1 个
亚麻籽	适量

✗ 工具

刮板	1 个
烤箱	1 台
擀面杖	1 根
模具	1 个

🍲 制作过程

1 将高筋面粉、酵母倒在案台上，用刮板拌匀，开窝。

2 倒入鸡蛋、细砂糖、水，再拌匀，放入黄油。

3 慢慢地和匀，至材料完全融合在一起，揉成面团。

4 加入适量亚麻籽，揉至面团表面光滑。

5 将面团压扁，用擀面杖擀薄。

6 卷成橄榄形状，把口收紧，装入模具中发酵至两倍大。

7 烤箱预热，放入模具。

8 以上火170℃、下火200℃烤约25分钟，取出即可。

烘焙心得

把口收紧时，边缘部分须用手稍稍压紧一下，再放入模具。

凯萨面包

凯萨面包，又叫维也纳面包，是以奥地利皇帝的名字来命名的一款经典面包，虽其貌不扬，却透露出一股君王的霸气，香味独特，能瞬间俘获人的味蕾。

 原料

面团部分：

高筋面粉	500 克
黄油	70 克
奶粉	20 克
细砂糖	100 克
盐	5 克
鸡蛋	1 个
水	200 毫升
酵母	8 克

装饰部分：

白芝麻	适量

 工具

玻璃碗、打蛋器、刮板各1个，保鲜膜1张，勺子1把，烤箱1台

制作过程

1 将细砂糖加水，用打蛋器拌成糖水待用。

2 将高筋面粉、酵母、奶粉倒在案台上，用刮板拌匀，开窝。

3 倒入糖水，混合成湿面团。

4 加入鸡蛋揉匀，再加黄油、盐，揉成光滑面团。

5 用保鲜膜把面团包裹好，常温下静置 10 分钟饧面。

6 去掉保鲜膜，分成四等份。

7 将小面团搓成球状，用勺子压出花纹。

8 粘白芝麻，制成生坯，装入烤盘，发酵至两倍大。

9 放入预热好的烤箱，上火调为 190℃，下火调为 200 ℃，烘烤20分钟至熟，取出即可。

烘焙心得

用勺子在生坯上压花纹时，注意力度要适中，以免破坏生坯的外形。

沙兰乳酪面包

满满的乳酪，在略带焦黄的面包表面上，色泽诱人，让人忍不住食指大动。

 ## 原料

面团：

高筋面粉	400 克
酵母	8 克
细砂糖	100 克
鸡蛋	100 克
盐	3 克
水	120 毫升
黄油	130 克

其他：

芝士片	40 克
奶油芝士	125 克
细砂糖	60 克
淡奶油	20 毫升
蛋液	适量
糖粉	适量
黄油	适量

工具

面包机、烤箱、电子秤各 1 台，刮板、玻璃碗、刷子、勺子、面粉筛各 1 个，模具若干

制作过程

1 面团制作：把高筋面粉、酵母、细砂糖、鸡蛋、盐、水和黄油倒进面包机中拌匀，然后取出，揉成面团。

2 把奶油芝士、细砂糖和淡奶油倒入玻璃碗，搅拌均匀，制成芝士馅。

3 用刮板将制好的面团分割成每份约 70 克的小份，整形，搓成圆形。

4 将小面团压成面饼，用勺子把芝士馅裹进面团中。

5 将裹好馅料的面团并排放进抹了黄油的模具中，然后放入烤箱发酵约 40 分钟。

6 取出发酵好的面团，刷上蛋液，盖上芝士片，再筛上糖粉。

7 重新放入烤箱烘烤约 15 分钟，取出烤好的面包装盘即可。

烘焙心得

最常见的芝士就是 mozzarella，中文叫马苏里拉芝士，是意大利的一种淡芝士。

哈雷面包

这是一款因外形像哈雷彗星而得名的面包，后来，人们又给了它代表爱和分享的意义。

 原料

高筋面粉	500 克
黄油	70 克
奶粉	20 克
细砂糖	160 克
盐	5 克
鸡蛋	3 个
水	200 毫升
酵母	8 克
色拉油	50 毫升
低筋面粉	60 克
吉士粉	10 克
巧克力果膏	少许

 工具

刮板、电动搅拌器、长柄刮板、搅拌器、玻璃碗各1个，裱花袋2个，剪刀1把，烤箱1台，电子秤1台，保鲜膜若干，牙签1个

🍳 制作过程

1 细砂糖加水溶化；将高筋面粉、酵母、奶粉倒在案台上用刮板拌匀，开窝。

2 倒入糖水、1个鸡蛋、黄油、盐混合均匀，揉成面团，包上保鲜膜，静置10分钟。

3 将面团分成60克一个的小面团，搓球形，发酵90分钟。

4 将鸡蛋、细砂糖装碗，拌匀，边加色拉油边搅拌。

5 倒入低筋面粉、吉士粉，搅匀，即成哈雷酱。

6 哈雷酱装入裱花袋，以画圆圈的方式挤在小面团上。

7 巧克力果膏装裱花袋，在哈雷酱上画圆圈，再用牙签从面包酱顶端往下向四周划出花纹呈蜘蛛网状。

8 烤盘放入烤箱，上下火190℃烤15分钟后取出即可。

 烘焙心得

色拉油要分次倒入，这样才能使材料搅拌得更均匀。

扫一扫，马上学

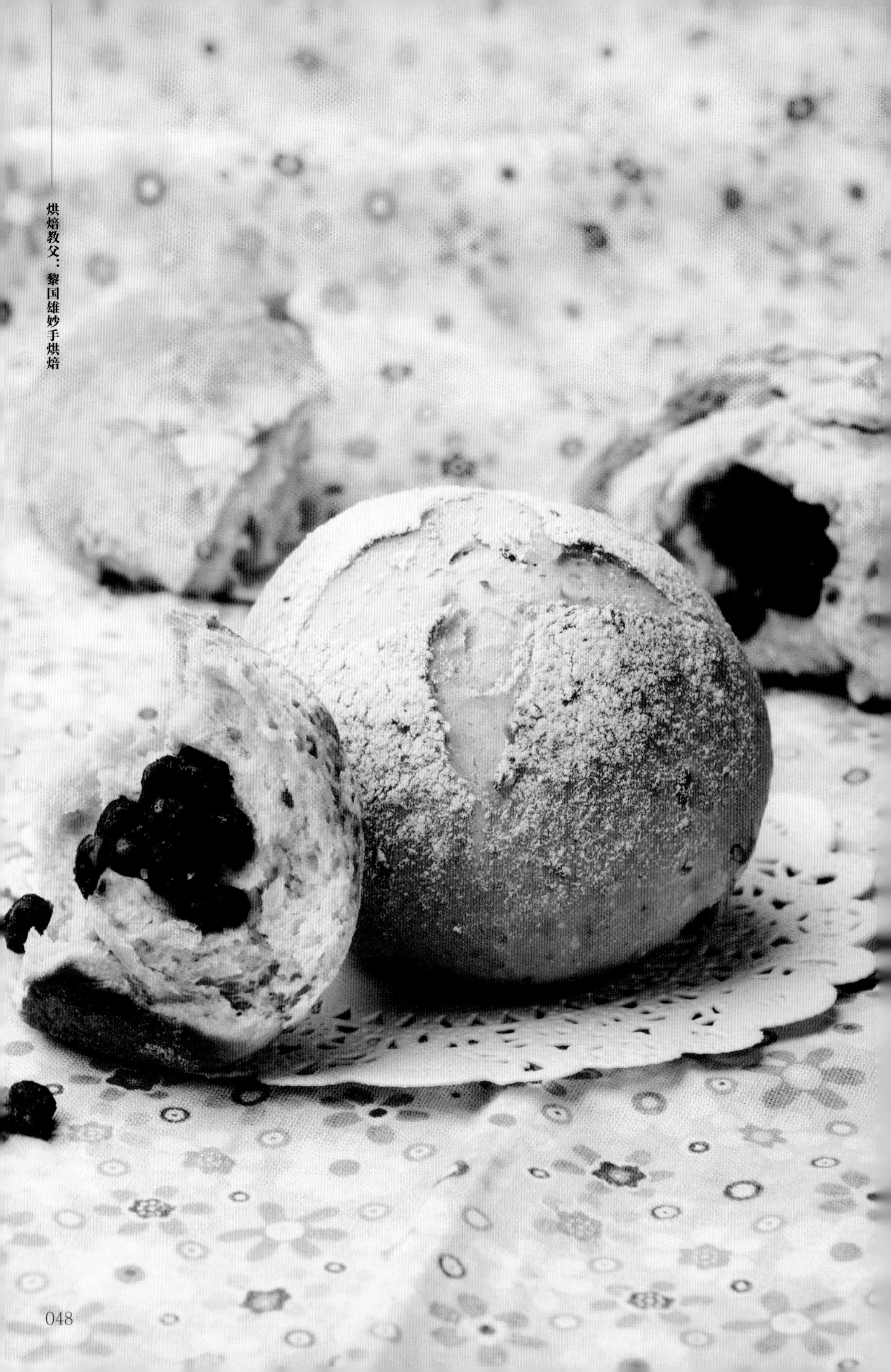

红豆杂粮面包

不起眼的外皮被烘烤得松软，里面躲藏着甜甜的红豆，成就了它不俗的美味。

 原料

高筋面粉	160 克
杂粮粉	350 克
鸡蛋	1 个
黄油	70 克
奶粉	20 克
细砂糖	100 克
盐	5 克
酵母	8 克
红豆粒	20 克
水	200 毫升

 工具

刮板、筛网各 1 个，小刀 1 把，烤箱、电子秤各 1 台

 制作过程

1 将杂粮粉、150 克高筋面粉、酵母、奶粉混匀，开窝。

2 倒入细砂糖、水，用刮板拌匀，混合均匀，揉成面团。

3 将面团稍微压平，加入鸡蛋，揉匀。再加入盐、黄油，揉搓均匀。

4 将面团分成数个 60 克的面团揉圆，待用。

5 取其中一个面团，用手按平。

6 放入适量红豆粒，从面团四周包裹起来，收口，并揉圆。

7 将做好的生坯放在烤盘中，发酵 90 分钟。

8 在发酵好的生坯上用小刀划出一个十字。

9 将剩余高筋面粉过筛至生坯上。

10 烤盘入烤箱，以上下火均 190℃的温度烤 15 分钟。

11 取出烤盘，将面包装入盘中即可。

烘焙心得

用刀在面团上划十字时，不要划得太深，以免影响成品美观。

红豆司康

初次听闻"司康饼"的人，
还会以为它是一种饼干，
但事实上，它是如假包换
的面包。

原料

黄油	60克
糖粉	60克
盐	1克
低筋面粉	50克
高筋面粉	250克
泡打粉	12克
牛奶	125毫升
红豆馅	30克
蛋黄	1个

工具

刮板、模具	各1个
刷子	1把
烤箱	1台
保鲜膜	若干

🍲 制作过程

1 将低筋面粉、高筋面粉拌匀，倒在案台上，用刮板开窝。

2 倒入牛奶，撒入泡打粉、盐、黄油、糖粉、红豆馅混匀，揉搓成面团。

3 用保鲜膜将面团包好，放入冰箱冷藏30分钟，取出，用手压平，去除保鲜膜。

4 用模具在面团上按压出矮圆柱形小面团，放入烤盘，刷上适量蛋黄。

5 将烤盘放入烤箱，以上下火180℃烤约15分钟至熟。

6 从烤箱中取出烤盘，将烤好的红豆司康装入盘中即可。

 烘焙心得

揉面时，不要过度揉捏，揉到面团表面光亮即可。过度揉捏会导致面筋生成过多，影响口感。

扫一扫，马上学

柠檬司康

松软的司康搭配着柠檬的香气，美味无法抗拒哦！

 原料

黄油	60 克
糖粉	60 克
盐	1 克
低筋面粉	50 克
高筋面粉	250 克
泡打粉	12 克
牛奶	125 毫升
柠檬皮末	8 克
蛋黄	1 个

 工具

刮板、模具各1个，刷子1把，烤箱1台，保鲜膜若干

🍲 制作过程

1 低筋面粉、泡打粉、糖粉、盐、柠檬皮末倒入高筋面粉中，混合均匀，倒在案台上，用刮板开窝。

2 加入牛奶、黄油，混匀，揉搓成面团。用保鲜膜将面团包好，放入冰箱冷藏30分钟。

3 取出面团，撕掉保鲜膜，用手压平。用模具在面团上按压出矮圆柱形小面团。

4 放入预热好的烤盘中，刷上适量蛋黄。

5 将烤盘放入烤箱中，以上下火180℃烤15分钟至熟。

6 从烤箱中取出烤盘，将烤好的柠檬司康装入盘中即可。

烘焙心得

刷上蛋黄，可以使烤好的成品颜色更好看，激发食欲。

扫一扫，马上学

红茶司康

以前，妈妈总是在我坐火车去学校的那一天，给我做上好多的红茶司康，因为她知道我喜欢吃，她也知道我要好久才能再回家一趟。

原料

奶油	110 克
泡打粉	25 克
白糖	125 克
低筋面粉	100 克
牛奶	250 毫升
高筋面粉	500 克
红茶粉、盐	各适量
鸡蛋黄	1 个

工具

擀面杖、大碗、小碗、保鲜膜、压模和刷子各 1 个

制作过程

1 取一个大碗，倒入高筋面粉、低筋面粉、泡打粉，加入盐、白糖、红茶粉、奶油、牛奶。

2 搅拌至白糖溶化，制成面团，用保鲜膜包好，冷藏约 30 分钟，至面团饧发。

3 将鸡蛋黄倒入小碗中，打散、搅匀，制成蛋液；取冷藏好的面团，放在案板上，去除保鲜膜。

4 在案板上撒上面粉，把面团擀成约 2 厘米厚的圆饼；取压模，嵌入圆饼面团中，制成数个小面团。

5 小面团放在烤盘中，用刷子刷上一层蛋液，即成红茶司康生坯。

6 生坯放入烤箱，以上火 175℃、下火 180℃烤至呈金黄色，取出即可。

扫一扫，马上学

蔓越莓司康

金黄色的身段散发出诱人香气，色香味俱全。

🍇 原料

黄油	55 克
细砂糖	50 克
高筋面粉	250 克
泡打粉	17 克
牛奶	125 毫升
蔓越莓干	适量
低筋面粉	50 克
鸡蛋	1 个

🥄 工具

刮板	1 个
保鲜膜	1 张
刷子	1 把
擀面杖	1 根
烤箱	1 台
模具	1 个

🍲 制作过程

1 将高筋面粉、低筋面粉、泡打粉和匀，开窝；倒入细砂糖和牛奶，放入黄油。

2 慢慢地搅拌一会儿，至材料完全融合在一起，揉成面团；再把面团铺开，放入蔓越莓干，揉搓一会儿。

3 覆上保鲜膜，包好，擀成约1厘米厚的面皮，放入冰箱冷藏半个小时。

4 取出冷藏好的面皮，撕去保鲜膜，用模具按压制成数个蔓越莓司康生坯。

5 生坯放在烤盘中，摆放整齐，刷上一层蛋液；烤箱预热，放入烤盘。

6 将上下火温度均设置为180℃，烤至食材熟透，取出摆盘即成。

烘焙心得

保鲜膜最好要封紧，这样冷冻好后，面皮才更容易压出生坯。

巧克力司康

一年前去美国的时候，每天都会吃到一盒香味浓郁的巧克力司康。现在想起，还是无比怀念啊！

 原料

高筋面粉	90 克
糖粉	30 克
全蛋	1 个
低筋面粉	90 克
黄油	50 克
鲜奶油	50 克
泡打粉	3 克

黑巧克力液、白巧克力液、蛋黄各适量

 工具

刮板1个，擀面杖1根，圆形大小模具各1个，刷子1把，烤箱1台

🍲 制作过程

1 将高筋面粉、低筋面粉混匀开窝，倒入黄油、糖粉、泡打粉、全蛋、鲜奶油，混合揉搓成湿面团。

2 将面团擀成约2厘米厚的面皮；用较大的模具压出圆形面坯，再用较小的模具在面坯上压出环状压痕。

3 将环形内的面皮撕开，把生坯放在案台上，静置至其中间成凹形，再放入烤盘，刷上适量蛋黄液。

4 把生坯放入预热好的烤箱，以上火160℃、下火160℃烤15分钟至熟。

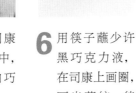

5 把烤好的司康取出装入盘中，倒入适量白巧克力液。

6 用筷子蘸少许黑巧克力液，在司康上画圈，画出花纹，待稍微放凉后即可食用。

烘焙心得

揉面团时，双手应同时施力，前后搓动，边搓边推。

扫一扫，马上学

口感上，饼干可以香甜绵软，也可以咸鲜爽脆；

造型上，饼干可以精致小巧，也可以简单亲切。

当然，

饼干的这些多样的变化全凭制作者自己掌控。

一片薄薄的饼干，蕴含一丝悠闲的情调。

一杯红茶，一些饼干，便是一个娴静的下午。

有趣的人生，怎么能少得了这妙不可言的饼干！

Part3

妙不可言的饼干

尽享午间情调

18 种绝妙的舌间味道

 原料

[吐司.....................2 片
  白砂糖、黄油..........各适量]

 工具

[小餐刀 1 把，烤箱 1 台

黄油吐司

 制作过程

1 吐司上均匀地涂抹上黄油。
2 摆在烤盘上，再均匀地撒上白砂糖。
3 烤盘放入预热好的烤箱内，上下火 160℃
  烘烤。
4 待表面烤至金黄色，取出即可。

烘焙心得

在黄油吐司上面可撒上少许盐，味道会更
好哦。

芝麻瓦片

 原料

蛋白......................60 克
白砂糖..................100 克
黄油......................25 克
低筋面粉................60 克
芝麻......................适量

工具

碗 1 个，打蛋器 1 个，长柄
刮板 1 个，烤箱 1 台，锡纸
若干

制作过程

1 将蛋白、白砂糖倒入碗中，搅拌匀，加入低筋面粉，充分搅拌匀。

2 黄油隔水加热至完全溶化，倒入面浆内，搅拌匀。

3 加入备好的芝麻，搅拌均匀；将制好的面浆放入冰箱冷藏半小时后取出。

4 烤盘内铺上锡纸，手上蘸水取适量面浆放在锡纸上，压成薄片。

5 烤盘放入预热好的烤箱内，上火 135℃、下火 140℃烤 15 分钟即可。

果酱花饼

果酱与饼干的完美结合，看着就很有食欲，吃上一口更是难以忘怀！

原料

酵母	5 克
温水	90 毫升
盐	3 克
低筋面粉	150 克
小苏打	1 克
黄油	50 克
鸡蛋	40 克
奶粉	10 克
食粉、草莓果酱	各适量

工具

刮板 1 个，烤箱 1 台，擀面杖 1 根，叉子 1 把，模具若干

🍲 制作过程

1 低筋面粉内加入酵母、奶粉、食粉、盐、苏打，混合匀。

2 在粉内开窝，加入温水、鸡蛋，混合匀揉至成面团，放入黄油，混合匀。

3 用擀面杖将面团擀成面皮，再用模具压出花形面皮。

4 去除多余的面皮，将花饼放入烤盘。

5 用叉子在花饼上打上小洞，在花心内装饰上草莓果酱。

6 烤盘放入预热好的烤箱内，上火 200 ℃、下火 190 ℃ 烤15 分钟，取出即可。

烘焙心得

果酱的口味可以根据个人的喜好进行选择。

芝麻苏打饼干

饼干烤制中，满屋飘香，出炉后孩子非常喜欢，于是不等凉透就打包拿走与伙伴分享去了。这款饼干味道十分香甜，深受小朋友的喜欢。

原料

酵母	3克
低筋面粉	150克
盐	2克
小苏打	2克
黄油	30克
水	70毫升
白芝麻、黑芝麻	各适量

✖ 工具

擀面杖	1根
刮板	1个
叉子和刀	各1把
烤箱	1台
面板	1张
高温布	1块

👜 制作过程

1 将些许低筋面粉、酵母、小苏打、盐倒在面板上，充分混合均匀。

2 用刮板开窝，倒入水，再用刮板搅拌。

3 加入黄油、黑芝麻、白芝麻，将所有食材混匀，制成平滑的面团。

4 在面板上撒上面粉，放上面团，用擀面杖将面团擀制成0.1厘米厚的面皮。

5 用刀将面皮修齐，切成长方片。

6 在烤盘内垫入高温布，放上面片，用叉子依次在每个面片上戳上装饰花纹。

7 将烤盘放入预热好的烤箱内，关上箱门。

8 上下火温度均调为200℃，烤10分钟至饼干松脆，取出即可。

烘焙心得

将芝麻加入面团前，可以干炒片刻，这样烤出的饼干会更香。

巧克力腰果曲奇

我喜欢腰果，喜欢那嚼在嘴里无比香浓又清脆的口感，所以我特别钟爱这一款巧克力腰果曲奇，因为它的腰果够量。

 原料

黄油	90 克
糖粉	80 克
蛋清	60 毫升
低筋面粉	120 克
可可粉	15 克
盐	1 克
腰果碎	适量

 工具

电动搅拌器、裱花嘴、裱花袋、长柄刮板各1个，烤箱1台，剪刀1把，大碗1个

制作过程

1 将黄油倒入大碗中，加入糖粉，用电动搅拌器搅匀。

2 分两次加入蛋清，用电动搅拌器快速打发。

3 倒入低筋面粉、可可粉，搅匀，加入盐，搅拌均匀。

4 取一个裱花嘴，装入裱花袋里。

5 用剪刀在裱花袋尖角处剪开一个小口。

6 把面糊装入裱花袋里。

7 将面糊挤在烤盘上，制成数个曲奇生坯，把腰果碎撒在生坯上。

8 把生坯放入预热好的烤箱里，关门，以上下火150℃烤15分钟至熟，取出即可。

 烘焙心得

制作巧克力腰果曲奇时，需要注意的是，加入的盐不宜太多，以免太咸。

扫一扫，马上学

椰蓉蛋酥饼干

椰蓉是椰丝和椰粉的混合物，将它做成饼干，不仅能增加口味，而且能对点心进行装饰，让人更加有食欲。

原料

低筋面粉	150 克
奶粉	20 克
鸡蛋	2 个
盐	2 克
细砂糖	60 克
黄油	125 克
椰蓉	50 克

 ## 工具

刮板	1 个
烤箱	1 台
隔热手套	1 只
篮子	1 个

🍲 制作过程

1 将低筋面粉、奶粉倒在案台上，搅拌片刻，用刮板在中间开一个窝。

2 加入细砂糖、盐、鸡蛋，在中间搅拌均匀。

3 倒入黄油，将面粉翻搅按压成面团。

4 将面团分成若干个小面团揉成圆形，在小面团外圈均匀地撒上椰蓉。

5 放入烤盘，轻轻压成饼状，制成饼干生坯。

6 将烤盘放入预热好的烤箱里，调成上火180℃、下火150℃，烤15分钟至定形。

7 戴上隔热手套将烤盘取出。

8 装入篮子中，放凉即可食用。

烘焙心得

面团最好做成大小一致，在烘焙中才能受热均匀。

烘焙教父：黎国雄妙手烘焙

蛋黄小饼干

不承想，这小巧的身形竟可以承载如此浓郁的甜香，真是忍不住一口一个"小可爱"。

 原料

低筋面粉	90 克
鸡蛋	1 个
蛋黄	1 个
白糖	50 克
泡打粉	2 克
香草粉	2 克

 工具

刮板	1 个
裱花袋	1 个
烤箱	1 台
高温布	1 块

制作过程

1 把低筋面粉装入碗里，加入泡打粉、香草粉，拌匀。

2 倒在案台上，用刮板开窝。

3 倒入白糖，加入鸡蛋、蛋黄。

4 将材料混合均匀，和成面糊。

5 把面糊装入裱花袋中，备用。

6 在烤盘上铺一层高温布，挤上适量面糊，挤出数个饼干生坯。

7 将烤盘放入烤箱，以上火170℃、下火170℃烤15分钟至熟。

8 取出烤好的饼干，装入盘中即可。

烘焙心得

1. 挤入面糊时要大小均匀，这样烤出来的饼干才美观。
2. 饼干坯放入烤盘时，间隙要留大些，因为烤时还会膨胀。

扫一扫，马上学

双色耳朵饼干

自带旋律的饼干，忍不住盯着看，
会不会转动起来？

原料

黄油	130 克
香芋色香油	适量
低筋面粉	205 克
糖粉	65 克

工具

刮板、筛网	各 1 个
擀面杖	1 根
烤箱	1 台
刀	1 把
保鲜膜	适量

制作过程

1 把黄油、糖粉倒在案台上，用刮板将两者混合均匀，揉搓成面团。

2 将低筋面粉过筛至拌好的面团上，按压，拌匀，揉搓成面团。

3 将面团揉搓成长条，切成两半。

4 取其中一半，压平，倒入香芋色香油，按压，揉搓成香芋面团，再压扁。

5 用擀面杖将另一半面团擀成薄片。

6 放上香芋面片，按压一下，用刮板切整齐。

7 将面皮卷成卷，揉搓成细长条。

8 切去两端不平整的部分，再将面团对半切开。

9 取其中一半，用保鲜膜包好，放入冰箱，冷冻 30 分钟。

10 取出冷冻好的面团，撕开保鲜膜。

11 把一端切整齐，再切成厚度为 0.5 厘米左右的小面团。

12 将小面团放入烤盘中，将烤盘放入烤箱，以上火 180℃、下火 180℃烤 15 分钟，最后取出即可。

烘焙心得

小面团的厚度要切得均匀，这样烤出的饼干口感更佳。

浓咖啡意大利脆饼

这是一款配料里不含任何油脂的"硬死人不偿命"的意大利脆饼(BISCOTTI)。今天的饼干是它的同胞兄弟，但是，因为加入了黄油，口感大大不同，很香酥。

 原料

低筋面粉	100 克
杏仁	35 克
鸡蛋	1 个
细砂糖	60 克
黄油	40 克
泡打粉	3 克
咖啡液	8 毫升

 工具

刮板	1 个
油纸	1 张
烤箱	1 台
盘子	1 个

🍲 制作过程

1 将低筋面粉倒在案板上，撒上泡打粉，拌匀，开窝。

2 倒入细砂糖和鸡蛋，用刮板搅散蛋黄。

3 再倒入备好的咖啡液，加入黄油，慢慢搅拌一会儿，再揉搓均匀。

4 撒上杏仁，用力地揉一会儿，至材料成纯滑的面团，静置一会儿，待用。

5 将面团搓成椭圆柱，用刀切成数个剂子。

6 烤盘上铺上一张大小合适的油纸，摆上剂子，平整地按压几下，呈椭圆形生坯。

7 烤箱预热，放入烤盘，关好烤箱门，以上下火均为180℃的温度烤约20分钟，至食材熟透。

8 断电后取出烤盘，最后把成品摆放在盘中即可。

 烘焙心得

1. 制作此款西饼时，可将杏仁碾碎后再使用，这样成品的口感更好。

2. 饼干生坯之间要留一些空隙，这样能避免烤热后的饼干粘在一起。

扫一扫，马上学

红糖蔓越莓曲奇

 原料

低筋面粉	90 克
蛋白	20 克
奶粉	15 克
黄油	80 克
糖粉	30 克
蔓越莓干	适量

工具

刮板	1 个
保鲜膜	1 张
刀	1 把
烤箱	1 台

制作过程

1 将低筋面粉倒在面板上，加入奶粉，拌匀。

2 把拌好的面粉铺开，加入糖粉、蛋白，再拌匀。倒入黄油，拌匀，揉搓成面团。

3 揉好的面团中加入蔓越莓干，揉搓均匀。

4 将面团揉搓成长条，包上保鲜膜，放入冰箱冷冻 1 个小时，取出后拆下保鲜膜。

5 将面团切成 0.5 厘米厚的饼干生坯。

6 将生坯摆入烤盘中，再将烤盘放入烤箱中，关上箱门，以上火 160℃、下火 160℃烤约 15 分钟至熟。

7 打开烤箱，取出烤盘即可。

桃酥

 原料

细砂糖	50 克
红糖粉	25 克
盐	1 克
猪油	80 克
蛋黄	15 克
低筋面粉	150 克
食粉	2 克
泡打粉	1 克
核桃碎	40 克

工具

[刮板 1 个，烤箱 1 台

制作过程

1 将低筋面粉倒在案台上，用刮板开窝。
2 倒入细砂糖、蛋黄，搅匀，加入泡打粉、食粉、盐、红糖粉。
3 将材料混合均匀，加入猪油，揉搓均匀。
4 放入核桃碎，混合均匀，揉搓成面团。
5 将面团摘成小面团放入烤盘，捏成饼状。
6 把生坯放入预热好的烤箱里，以上火180℃、下火160℃烤15分钟至熟。

烘焙心得

可将低筋面粉过筛后使用，这样烤好的饼干更酥松。

橄榄油原味香脆饼

现在不都提倡使用植物油吗？所以用橄榄油做出的食物绝对对健康有保障，另外除了健康，它还十分美味哦！

 原料

全麦粉	100 克
盐	2 克
苏打粉	1 克
水	45 毫升
橄榄油	20 毫升

 工具

刮板 1 个，擀面杖 1 根，叉子 1 把，烤箱 1 台，刀 1 把，高温布 1 块，盘子 1 个

🍲 制作过程

 **1** 将全麦粉倒在案台上，用刮板开窝，倒入苏打粉、盐。

 **2** 加入水、橄榄油，搅匀，揉搓成面团。

 **3** 用擀面杖把面团擀成0.3厘米厚的面皮，再用刀把面皮切成长方形的饼坯。

 **4** 用叉子在饼坯上扎小孔，去掉多余的面皮，放入铺有高温布的烤盘中。

 **5** 将烤盘放入烤箱，以上火170℃、下火170℃烤15分钟至熟。

 **6** 取出烤好的香脆饼，装入盘中即可。

 烘焙心得

可以在饼干生坯上撒少许葱花，这样烤出来的饼干更香，口感更佳。

扫一扫，马上学

罗蜜雅饼干

花儿般的造型，犹如爱情般甜蜜的滋味，让你尝一口就爱上！

 原料

饼皮：

黄油	80 克
糖粉	50 克
蛋黄	15 克
低筋面粉	135 克

馅料：

黄油	15 克
糖浆	30 毫升
杏仁片	适量

 工具

大碗、电动搅拌器、长柄刮板、三角铁板、裱花嘴各 1 个，裱花袋 2 个，高温布 1 块，烤箱 1 台

制作过程

1 黄油倒入大碗中，加入糖粉，用电动搅拌器搅匀。

2 加入蛋黄，快速搅匀。

3 倒入低筋面粉，用长柄刮板搅拌匀，制成面糊。

4 把面糊装入套有裱花嘴的裱花袋里，待用。

5 将黄油、杏仁片、糖浆倒入碗中，用三角铁板拌匀。

6 把馅料装入另一个裱花袋里，置于一旁备用。

7 将面糊挤在铺有高温布的烤盘里制成饼坯。

8 用三角铁板将饼坯中间部位压平。

9 挤上适量馅料。

10 把饼坯放入预热好的烤箱里。

11 以上火 180 ℃、下火 150℃烤 15 分钟至熟。

12 打开箱门，取出烤好的饼干，装入盘中即可。

扫一扫，马上学

 烘焙心得

挤面糊时裱花嘴提起要快速，不然会粘上挤好的面糊，破坏造型。

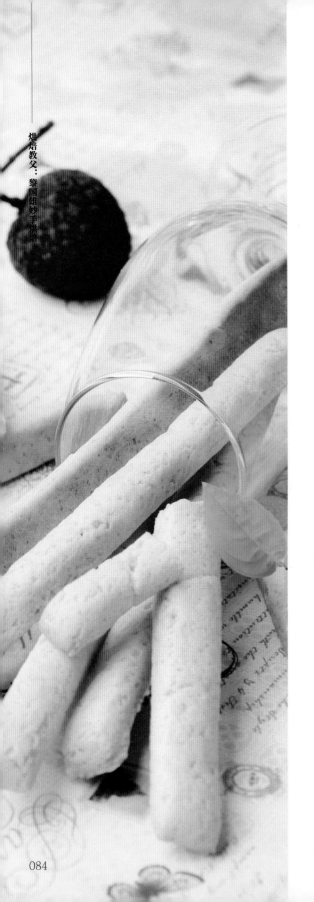

牛奶棒

午后小吃，咔吧咔吧，一口一口让你根本停不下来，吃完一根还想吃一根。

原料

黄油	70 克
奶粉	60 克
鸡蛋	1 个
牛奶	25 毫升
中筋面粉	250 克
细砂糖	80 克
泡打粉	2 克

工具

刮板	1 个
保鲜膜	1 张
烤箱	1 台
刀	1 把
锡纸	1 张

🍲 制作过程

1 将中筋面粉、奶粉、泡打粉倒在案台上，用刮板拌匀，开窝。

2 倒入细砂糖、鸡蛋、牛奶，放入黄油。

3 慢慢和匀，使材料融在一起，再揉成面团。

4 将面团压平，用保鲜膜包好，放入冰箱冷藏30分钟。

5 取出面团，撕去保鲜膜，揉成面皮。

6 用刀将面皮切成1厘米左右宽的长条。

7 放在铺有锡纸的烤盘上。

8 烤箱预热，放入烤盘，以上火170℃、下火160℃烤15分钟至熟透即可。

 烘焙心得

切面皮时，要切得粗细均匀，这样成品更美观。

扫一扫，马上学

巧克力蔓越莓饼干

这个也算是经典饼干了呢，而且完全是零失败的美味饼干，蔓越莓还是女性红宝石，多吃点好。

 原料

低筋面粉	90 克
蛋白	20 克
奶粉	15 克
可可粉	10 克
黄油	80 克
蔓越莓干	适量
糖粉	30 克

✗ 工具

刮板	1 个
保鲜膜	1 张
刀	1 把
烤箱	1 台
面板	1 张
盘子	1 个

🍲 制作过程

1 将低筋面粉、奶粉、可可粉倒于面板上，拌匀后铺开。

2 倒入蛋白、糖粉，搅拌均匀。

3 加入黄油，拌匀后进行按压，使之成形。

4 加入蔓越莓干，按压均匀，把面团搓成长条，包上保鲜膜，放入冰箱冷冻一个小时。

5 将面团取出，拆开保鲜膜，把面团切成厚约1厘米的饼干生坯。

6 把饼干生坯装入烤盘。

7 再将烤盘放入烤箱中，关上箱门，以上火、下火均为170℃烤约20分钟至熟。

8 取出烤盘，把烤好的饼干装入盘中即可。

烘焙心得

1.蛋白要打至细腻光亮，这样烤出来的饼干才会松软细腻。

2.切饼干生坯的时候，一定要注意厚度均匀，不然饼干不容易烘烤均匀。

烘焙教父：黎国雄妙手烘焙

酥脆花生饼干

自己动手制作的健康饼干，可以当早餐，也可以当零食，一举两得。

原料

低筋面粉	160 克
鸡蛋	1 个
苏打粉	5 克
黄油	100 克
花生酱	100 克
细砂糖	80 克
花生碎	适量

工具

刮板	1 个
烤箱	1 台
高温布	1 块

制作过程

1 往案台上倒入低筋面粉、苏打粉，用刮板拌匀，开窝。

2 加入鸡蛋、细砂糖，拌匀。

3 放入黄油、花生酱，混合均匀。

4 将混合物搓揉成一个纯滑面团。

5 逐一取适量面团，揉圆制成生坯。

6 将生坯均匀地粘上适量的花生碎。

7 烤盘垫一层高温布，将粘好花生碎的生坯放在烤盘里，用手按压一下至圆饼状。

8 将烤盘放入烤箱中，以上火 160℃、下火 160℃烤 15 分钟至熟。

9 取出烤盘，将烤好的饼干装盘即可。

扫一扫，马上学

烘焙心得

可以用黑麦粉替代低筋面粉，烤出来的成品颜色会更浓郁。

海苔肉松饼干

喜欢吃海苔，也喜欢吃肉，那还等什么，来一块海苔肉松饼干吧！

 原料

低筋面粉	150 克
黄油	75 克
鸡蛋	50 克
白糖	10 克
盐	3 克
泡打粉	3 克
肉松	30 克
海苔	2 克

 工具

刮板	1 个
烤箱	1 台
保鲜膜	1 张
高温布	1 块
刀	1 把

🍲 制作过程

1 将低筋面粉倒在案台上，用刮板开窝。

2 放入泡打粉，拌匀，加入白糖、盐、鸡蛋，用刮板搅匀。

3 倒入黄油，揉搓成面团，加入海苔、肉松，揉搓均匀。

4 裹上保鲜膜，放入冰箱，冷冻1小时，取出面团，去除保鲜膜。

5 用刀将面团切成1.5厘米厚的饼干生坯。

6 将饼干生坯放在铺有高温布的烤盘上。

7 放入烤箱，以上火160℃、下火160℃烤15分钟至熟。

8 从烤箱中取出烤好的饼干，装入盘中即可。

烘焙心得

黄油和鸡蛋在使用前要置于室温下，让其自行解冻。

扫一扫，马上学

奶香苏打饼干

可爱的造型，淡淡的奶香，不太甜，味道很好，上班的时候饿了来两块正合适。

制作过程

1 往案台上倒入低筋面粉、盐、小苏打、酵母，用刮板拌匀，开窝。
2 倒入三花淡奶，混合均匀。
3 将混合物搓揉成一个纯滑面团。
4 用擀面杖将面团均匀擀薄。
5 用模具按压出数个饼干生坯。
6 烤盘垫一层烘焙纸，将饼干生坯放在烤盘里。
7 将烤盘放入烤箱中，以上火 160℃、下火 160℃烤 15 分钟至熟。
8 取出烤盘，将烤好的饼干装篮即可。

原料

低筋面粉	100 克
小苏打	2 克
盐	2 克
三花淡奶	60 毫升
酵母	2 克

工具

刮板	1 个
饼干模具	1 个
擀面杖	1 根
烤箱	1 台
烘焙纸	1 张
篮子	1 个

扫一扫，马上学

烘焙心得

1. 如没有三花淡奶，可用奶粉代替，并加入适量清水。
2. 揉面团的时间不要太久，以免影响饼干酥松的口感。

说到精致诱人的外形、
松软绵滑的口感、甜而不腻的美味，
除了蛋糕，还有哪种食物能够得到这样的赞誉？
作为食物，
人们还在它身上寄寓了各种各样的祝福和爱意，
生日、满月、结婚等重要场合，
你都能看到它的身影。
很多人相信，蛋糕的味道就是幸福的味道。

Part4

幸福美味的蛋糕

难忘幸福味道

17种诱人绵滑蛋糕

脱脂奶水果玛芬

节食减肥也不必搞得那么惨兮兮，这款脱脂奶水果玛芬，绝对适合午后加餐，但记住，决不能当宵夜哦！

 原料

盐	2克
低筋面粉	140克
细砂糖	60克
黄油	50克
鸡蛋	1个
脱脂牛奶	125毫升
什锦水果粒	适量

工具

玻璃碗、长柄刮板、蛋糕模具、电动搅拌器各1个，烤箱1台，蛋糕纸杯数个

🍲 制作过程

1 取一个玻璃碗，打入鸡蛋，倒入细砂糖，用电动搅拌器拌匀。

2 加入黄油搅匀。

3 放入盐和低筋面粉，拌匀。

4 加入脱脂牛奶，一边加入一边搅拌，制成蛋糕浆。

5 备好蛋糕模具，放入蛋糕纸杯。

6 用长柄刮板将拌好的蛋糕浆逐一刮入纸杯中至七分满，制成蛋糕生坯。

7 将什锦水果粒逐一放在蛋糕生坯上。

8 将蛋糕模具放入烤箱中，以上火 200 ℃、下火 200 ℃ 的温度，烤 20 分钟至熟即可。

烘焙心得

可以用脱脂奶粉代替脱脂牛奶，记得要添加适量清水。

扫一扫，马上学

蜂蜜海绵蛋糕

睡眼惺忪的清晨，慵倦的午后，短短时间，便可轻松享受这甜蜜的松软美食。

 原料

鸡蛋	5~6 个
高筋面粉	125 克
蛋黄	40 克
细砂糖	140 克
盐	2 克
蜂蜜	40 毫升
水	50 毫升

✕ 工具

玻璃碗、电动搅拌器、搅拌器、长柄刮板各1个，蛋糕刀1把，烤箱1台，烘焙纸、白纸各1张

🍲 制作过程

1 将水、细砂糖倒入玻璃碗中，用手动搅拌器拌匀。

2 加入盐、蛋黄、鸡蛋，用电动搅拌器打发至起泡。

3 倒入高筋面粉、蜂蜜搅拌匀。

4 在烤盘上面铺一张烘焙纸，倒入拌好的材料，用长柄刮板抹匀。

5 放入烤盘，以上下火各170℃，烤20分钟。

6 取出烤盘，在案台上铺一张白纸，将烤盘倒扣在白纸一端，撕去粘在蛋糕底部的烘焙纸。

7 把白纸另一端盖住蛋糕，将其翻面。

8 用蛋糕刀将蛋糕两端切整齐，再切成小方块，装盘。

烘焙心得

轻摔烤盘，可使做出的蛋糕外观更平整。

烘焙教父：黎国雄妙手烘焙

香蕉蛋糕

任何相遇都是缘分给出的答案，犹如清甜的香蕉遇到"烘焙大师"蛋糕而成就的美味情缘。

 原料

鸡蛋	2 个
细砂糖	90 克
水	25 毫升
香蕉泥	100 克
低筋面粉	70 克
泡打粉	1 克
食粉	1 克
盐	1 克
色拉油	50 毫升
白芝麻	适量

 工具

玻璃碗、电动搅拌器、长柄刮板各 1 个，木棍 1 根，蛋糕刀 1 把，烤箱 1 台，烘焙纸、白纸各 1 张

🍲 制作过程

1 将鸡蛋打入玻璃碗中，加入细砂糖，用电动搅拌器搅匀。

2 加入低筋面粉、泡打粉、食粉、盐，搅拌均匀成糊状。

3 放入香蕉泥搅匀，边加水，边搅拌。再加入色拉油，搅成蛋糕浆。

4 把蛋糕浆倒入铺有烘焙纸的烤盘里，用长柄刮板抹匀。

5 撒上一层白芝麻。

6 将生坯放入预热好的烤箱里，以上火 170℃、下火 170℃烤 25 分钟至熟。

7 打开箱门，取出烤好的蛋糕。

8 将蛋糕倒扣在白纸上，撕去粘在蛋糕上的烘焙纸。

9 用木棍将白纸卷起，把蛋糕卷成卷。

10 摊开白纸，用蛋糕刀将蛋糕卷两端切齐整，再切成小段。

 烘焙心得

蛋糕卷好后可静置一会儿，待其成形后再切。

101

格格蛋糕

 原料

鸡蛋	250 克
白糖	112 克
低筋面粉	170 克
小苏打	1 把
泡打粉	2 克
蛋糕油	4 克
色拉油	47 毫升
奶粉	5 克
牛奶	38 毫升
水	46 毫升

工具

电动搅拌器 1 个，刮板 1 个，
蛋糕刀 1 把，烤箱 1 台，大
碗 1 个，油纸 1 张

 制作过程

1 取一大碗，放入白糖，倒入备好的鸡蛋，
用电动搅拌器快速地搅拌一会儿，至鸡蛋
四成发。

2 倒入低筋面粉、小苏打、泡打粉，撒上奶粉，
拌匀，放入蛋糕油，拌匀，至食材充分融合。

3 倒入水，边倒边搅拌，再慢慢倒入牛奶，
搅拌匀。

4 淋入备好的色拉油，拌匀，至材料柔滑，
倒入垫有油纸的烤盘中，用刮板铺开、摊
平，待用。

5 烤箱预热，放入烤盘，以上下火均为
160℃的温度烤约 20 分钟，至食材熟透。

6 断电后取出烤熟的蛋糕，放凉后去除油纸，
再用蛋糕刀均匀地划出条形花纹，分成小
块即可。

无水蛋糕

 原料

低筋面粉...................100 克

细砂糖.....................100 克

鸡蛋...........................2 个

色拉油..................100 毫升

泡打粉...........................4 克

工具

玻璃碗 1 个、电动搅拌器 1
个、刷子 1 把、烤箱 1 台、
蛋糕杯数个

制作过程

1 取玻璃碗，倒入鸡蛋、细砂糖，用电动搅
拌器快速搅匀。

2 倒入低筋面粉、泡打粉，搅匀。

3 加入大部分色拉油，搅成纯滑的面浆。

4 取数个蛋糕杯，逐一刷上一层色拉油。

5 面浆装入蛋糕杯中，装至八分满。

6 将蛋糕杯放入烤盘中，将烤盘放入烤箱，
上火调为 170℃，下火调为 170℃，烘烤
15 分钟至热即可。

果园蛋糕

简单的搭配，动人的美味。当浅黄色的蛋卷遇上嫩黄香甜的果酱，便成了这令人一见倾心的果园蛋糕。

 原料

蛋黄部分：

水	70毫升
细砂糖	40克
色拉油	30毫升
蛋黄	75克
低筋面粉	100克
奶粉	15克
泡打粉	2克

蛋白部分：

盐	2克
细砂糖	90克
塔塔粉	3克
蛋白	175克

馅料：

黄桃果肉	50克
香橙果酱	适量

 工具

手动搅拌器、电动搅拌器、长柄刮板各1个，木棍1根，蛋糕刀1把，烤箱1台，玻璃碗2个，烘焙纸2张

制作过程

1 将低筋面粉倒入玻璃碗中，加入奶粉、水、色拉油、泡打粉，用手动搅拌器搅匀。

2 加入细砂糖，搅拌均匀，倒入蛋黄，搅成纯滑的面浆，即成蛋黄糊。

3 把蛋白倒入另一个玻璃碗中，加入细砂糖、盐，用电动搅拌器快速搅拌。

4 加入塔塔粉，快速打发至鸡尾状，即成蛋白部分。

5 取部分打发好的蛋白加入蛋黄糊，用长柄刮板快速搅匀。

6 将拌匀的材料放入剩余的蛋白中，用长柄刮板拌匀，制成蛋糕浆。

7 把蛋糕浆倒入铺有烘焙纸的烤盘里，抹匀。

8 放入预热好的烤箱里，以上火160℃、下火160℃烤25分钟。

9 取出烤好的蛋糕，把蛋糕倒扣在烘焙纸上，撕去粘在蛋糕上的烘焙纸。

10 在蛋糕上面放上适量香橙果酱，抹匀，用木棍将烘焙纸卷起，把蛋糕卷成卷。

11 打开烘焙纸，用蛋糕刀将蛋糕两端切齐整。

12 再切成两段，装入盘中，放上适量黄桃果肉即可。

 烘焙心得

摆放黄桃时动作要轻，以免破坏蛋糕的形状。

芒果慕斯蛋糕

你说你是地地道道的芒果控，我怎么就那么不相信呢，因为你竟然跟我说你连这么好吃的芒果慕斯蛋糕都没有吃过。

原料

海绵蛋糕	1个
芒果肉粒	200克
细砂糖	40克
鱼胶粉	9克
植物鲜奶油	250克
QQ糖	15克
橙汁	45毫升
水	40毫升
白兰地	5毫升

工具

蛋糕刀1把，圆形模具1个，搅拌器1个，奶锅1个

🍲 制作过程

1 用蛋糕刀将海绵蛋糕顶部切平整，再分切成3片。

2 取一片蛋糕放入圆形模具里，待用。

3 奶锅中倒入水、鱼胶粉、白兰地搅匀，再加入细砂糖，搅拌至溶化。

4 倒入橙汁，搅拌均匀，再加入植物鲜奶油，拌匀。

5 倒入芒果肉粒，搅拌均匀，制成芒果慕斯浆。

6 取适量芒果慕斯浆倒入装在圆形模具里的蛋糕片上。

7 盖上一片蛋糕，再倒入适量芒果慕斯浆，放上QQ糖，最后将生坯放入冰箱中，冷冻2小时至成形。

8 将冷冻好的蛋糕取出，脱模，装入盘中即可。

烘焙心得

蛋糕要经过完全冷冻至成形后，才能从冰箱中取出。

扫一扫，马上学

巧克力慕斯蛋糕

午后的阳光透过窗户，洒满一地的温暖，此时，只需要一本书，一块巧克力慕斯蛋糕，便满满都是幸福的味道。

🍇 原料

蛋黄	2 个
黑巧克力	150 克
植物鲜奶油	250 毫升
细砂糖	20 克
鱼胶粉	8 克
饼干	90 克
黄油	15 克
牛奶	100 毫升
水	30 毫升

工具

擀面杖	1 根
圆形模具、搅拌器、玻璃碗	各 1 个
勺子	1 个
奶锅	1 个

🍲 制作过程

1 把饼干倒入碗中，用擀面杖捣碎。

2 加入黄油，搅拌均匀。

3 把黄油饼干糊装入模具中，用勺子压实、压平。

4 锅中倒入水、鱼胶粉、牛奶、细砂糖，用搅拌器搅匀，小火煮至糖溶化。

5 再放入黑巧克力，搅拌，煮至溶化。

6 加入植物鲜奶油，拌匀。

7 再加入蛋黄，拌匀，制成慕斯浆。

8 把慕斯浆倒在模具饼干糊上，制成慕斯蛋糕生坯，再放入冰箱，冷冻2小时。

9 把冻好的慕斯蛋糕取出，脱模，装盘即可。

烘焙心得

可以事先将黑巧克力加热溶化成液体状，再加入锅中就能节省制作蛋糕的时间。

草莓香草玛芬

玛芬，堪称最易上手的新手烘焙甜点，这款香草玛芬，黄油从冰箱取出，不用软化直接使用，特别适合寒冷的天气。

 原料

鸡蛋	2 个
细砂糖	80 克
香草粉	15 克
盐	2 克
黄油	150 克
低筋面粉	200 克
泡打粉	5 克
燕麦片	60 克
朗姆酒	5 毫升
牛奶	300 毫升
草莓片	适量

 工具

玻璃碗 1 个，长柄刮板 1 个，电动搅拌器 1 个，烤箱 1 台，蛋糕模具 1 个，蛋糕纸杯若干

 制作过程

1 取一玻璃碗，打入鸡蛋，倒细砂糖，用电动搅拌器搅拌均匀。

2 加入黄油，搅匀。

3 倒入盐、泡打粉，拌匀。

4 加入香草粉、低筋面粉，搅匀。

5 缓缓加入牛奶，不停搅拌。

6 淋入朗姆酒，一边淋一边搅拌均匀。

7 再加入燕麦片，充分搅匀。

8 蛋糕浆制成。

9 备好蛋糕模具，放入蛋糕纸杯。

10 用长柄刮板将拌好的蛋糕浆逐一刮入纸杯中至七分满。

11 将蛋糕模具放入烤箱，以上火 200℃、下火 200℃烤 20 分钟至熟。

12 取出蛋糕模具，装在盘中，逐一放上适量草莓片即可。

 烘焙心得

草莓香草玛芬如果是给儿童食用，则无需添加朗姆酒。

那提巧克力

软软的，绵绵的，入口即化，这就是蛋糕卷的魅力！再配上巧克力芳香浓郁的气息，绝对是下午茶的最佳选择！

 原料

鸡蛋	216 克
白糖	86 克
香草粉、小苏打	各 2 克
中筋面粉	80 克
蛋糕油	12 克
可可粉	17 克
清水	56 毫升
色拉油	42 毫升

 工具

电动搅拌器、长柄刮板、筛网、玻璃碗各 1 个，木棍 1 根，蛋糕刀 1 把，烤箱 1 台，烘焙纸 2 张

🍲 制作过程

1 把鸡蛋倒入玻璃碗中，放入白糖，用电动搅拌器拌匀。

2 加入中筋面粉、可可粉、小苏打、香草粉、蛋糕油，搅匀。

3 倒入清水，搅匀，加入色拉油，搅匀。

4 在烤盘上铺一张烘焙纸，倒入搅拌好的材料，用长柄刮板抹平。

5 将烤盘放入烤箱中，以上火170℃、下火170℃烤15分钟至熟。

6 取出烤盘，将蛋糕扣在烘焙纸上，撕去蛋糕上面的烘焙纸。

7 用木棍将下面的烘焙纸卷起，将蛋糕卷成卷。

8 切成均匀的四段，再筛上适量可可粉即可。

烘焙心得

做蛋糕卷时可加入适量玉米淀粉，这样做出来的蛋糕口感会更细腻。

扫一扫，马上学

狮皮香芋蛋糕

有着狮毛一样的纹路，就一定是狮子吗？大家可不要被欺骗了，再仔细看看，这不过是披着狮皮的柔弱香芋。

 原料

蛋白	100 克
细砂糖	82 克
塔塔粉	2 克
蛋黄	130 克
低筋面粉	66 克
香芋色香油	2 毫升
泡打粉	1 克
香橙果酱	适量
色拉油	36 毫升
纯牛奶	36 毫升

工具

手动搅拌器、电动搅拌器、长柄刮板各 1 个，蛋糕刀 1 把，烤箱 1 台，烘焙纸、白纸各 2 张，玻璃碗 1 个

🍲 制作过程

1 将6克细砂糖倒入玻璃碗中，加入纯牛奶，用手动搅拌器搅匀，加入色拉油，搅匀。

2 倒入46克低筋面粉、泡打粉，搅拌成糊状，加入50克蛋黄，充分搅匀，制成蛋黄部分。

3 玻璃碗中倒入56克细砂糖，加入蛋白打匀，加入塔塔粉，打发至鸡尾状，制成蛋白部分。

4 将部分蛋白放入蛋黄中，拌匀，再加入香芋色香油和余下的蛋白部分，拌匀，制成蛋糕浆。

5 将蛋糕浆倒入铺有烘焙纸的烤盘中，放入烤箱里，以上下火均170℃烤15分钟至熟，取出。

6 倒扣在白纸上，撕去粘在蛋糕上的烘焙纸，将蛋糕翻面，放上适量香橙果酱，抹匀，卷成卷，备用。

7 将剩下材料倒入玻璃碗制成面浆，倒入铺有烘焙纸的烤盘里，放入烤箱，以上下火140℃烤10分钟至熟。

8 取出烤好的"狮皮"，倒扣在白纸上，撕去烘焙纸，抹上香橙果酱，放入蛋糕卷卷成卷，切成段，装入盘中即可。

烘焙心得

1.撕去蛋糕底部的烘焙纸时，动作要轻，以免将蛋糕撕裂。

2.将蛋黄部分和蛋白部分混合搅拌时，要从底下翻拌均匀，不要画圈，以免消泡。

维也纳蛋糕

维也纳蛋糕！听起来就充满异国风情，表面那黑白分明的巧克力，让人忍不住想咬上一口。

 原料

```
鸡蛋......................................200 克
蜂蜜..........................................20 克
低筋面粉............................100 克
细砂糖..................................170 克
奶粉..........................................10 克
朗姆酒.................................10 毫升
黑巧克力液......................适量
白巧克力液......................适量
```

 工具

```
电动搅拌器 1 个, 长柄刮板 1 个,
裱花袋 2 个, 剪刀 1 把, 蛋糕刀 1 把,
烤箱 1 台, 大碗 1 个, 烘焙纸 1 张,
白纸 1 张
```

 制作过程

1 将鸡蛋、细砂糖倒入大碗，用电动搅拌器快速搅拌匀。

2 在低筋面粉中倒入奶粉，将混合好的材料倒入大碗中，搅拌均匀。

3 倒入朗姆酒，拌匀，加入蜂蜜，搅拌均匀，制作成蛋糕浆。

4 在烤盘上铺一张烘焙纸，倒入蛋糕浆，抹匀，震平。

5 把烤箱调为上下火 170℃，预热一会儿，放入烤盘，烤 20 分钟至熟后，取出烤盘。

6 在案台上铺一张白纸，将烤盘倒扣在白纸一端，撕去粘在蛋糕底部的烘焙纸，盖上白纸的另一端，将蛋糕翻面，把四周切整齐。

7 把黑巧克力液、白巧克力液分别装入裱花袋中。

8 在装有白巧克力液的裱花袋尖端剪一个小口，在蛋糕上斜向挤上白巧克力液。

9 装有黑巧克力液的裱花袋尖端部位剪一个小口，沿着已经挤好的白巧克力液，挤上黑巧克力液。

10 待巧克力凝固后，将蛋糕切成长方块，装盘即可。

 烘焙心得

若没有低筋面粉，可用高筋面粉和玉米淀粉以 1：1 的比例进行调配。

巧克力毛巾卷

毛巾也成了美味甜点，不是魔术，不是 3D 科技片，快来亲口尝一尝吧！

 原料

蛋黄	75 克
色拉油	80 毫升
低筋面粉	75 克
可可粉	10 克
淀粉	15 克
蛋白	170 克
细砂糖	60 克
塔塔粉	4 克
吉士粉	10 克
水	95 毫升

 工具

搅拌器、电动搅拌器、长柄刮板各 1 个，木棍 1 根，蛋糕刀 1 把，烤箱 1 台，玻璃碗 4 个，烘焙纸 1 张

🍲 制作过程

1 玻璃碗中倒入25毫升色拉油、30毫升清水、25克低筋面粉、可可粉、5克淀粉和30克蛋黄，搅拌均匀，制成蛋黄部分A。

2 将70克蛋白倒入玻璃碗中，加入30克细砂糖，搅匀，加入2克塔塔粉，打发，制成蛋白部分A。

3 将蛋白部分A倒入蛋黄部分A中，拌匀，制成可可粉蛋糕浆，倒入铺有烘焙纸的烤盘里。

4 将可可粉蛋糕浆放入预热好的烤箱里，以上火160℃、下火160℃烤10分钟。

5 玻璃碗中倒入吉士粉、10克淀粉、50克低筋面粉、55毫升色拉油、65毫升水和45克蛋黄，拌匀，制成蛋黄部分B。

6 将100克蛋白倒入玻璃碗中，加入30克细砂糖，搅匀，加入2克塔塔粉，打发，制成蛋白部分B。

7 把蛋白部分B放入蛋黄部分B里，搅成蛋糕浆，倒在烤好的可可粉蛋糕上，用刮板抹匀，放入预热好的烤箱中。

8 设置上下火160℃，烤10分钟取出。撕去烘焙纸，将蛋糕翻面，卷成卷切成段即可。

烘焙心得

制作此款蛋糕的时候，要使用无味的植物油，不可以使用花生油、橄榄油这类味道重的油，否则油脂的特殊味道会破坏蛋糕清淡的口感。

扫一扫，马上学

119

翡翠蛋卷

翡翠，那可是矿石中的奇珍，那你说这翡翠蛋卷是不是也大有来头呢！

 ## 原料

全蛋	3 个
低筋面粉	120 克
色拉油	60 毫升
蛋白	4 个
白糖	130 克
塔塔粉	3 克
蛋黄	4 个
泡打粉	2 克
水	30 毫升

 ## 工具

电动搅拌器 1 个，长柄刮板 1 个，木棍 1 根，蛋糕刀 1 把，烤箱 1 台，搅拌器 1 个，玻璃碗 3 个，烘焙纸 4 张

🍲 制作过程

1 取一个玻璃碗，倒入蛋黄、30毫升水、30克白糖、30毫升色拉油、70克低筋面粉、泡打粉，拌匀，制成蛋黄部分。

2 取一个玻璃碗，倒入蛋白、50克白糖，用电动搅拌器搅匀，倒入塔塔粉，搅拌至起泡，制成蛋白部分。

3 把蛋黄部分倒入蛋白部分中，搅拌均匀，倒入铺有烘焙纸的烤盘，抹平。

4 放入烤箱，以上火160℃、下火180℃烤20分钟至熟，把烤好的蛋糕取出，倒扣在烘焙纸上。

5 撕去粘在蛋糕上的烘焙纸，用木棍卷起下面的烘焙纸，把蛋糕卷成卷，备用。

6 取一个玻璃碗，倒入鸡蛋、50克白糖，搅匀，倒入50克低筋面粉、30毫升色拉油，拌匀，制成面糊。

7 将拌好的面糊倒入铺有烘焙纸的烤盘，抹平，放入烤箱，以上火190℃、下火170℃烤10分钟至熟。

8 取出蛋卷皮，倒扣在烘焙纸上，撕去烘焙纸，用蛋卷皮把卷好的蛋糕包好，切成段，装入盘中即可。

烘焙心得

1. 蛋糕要趁热卷成卷，否则不易成形。
2. 可以用牙签从蛋糕中心插下去，出来时如果牙签是干净的，没有粘上面糊，说明蛋糕已熟。

榴莲冻芝士蛋糕

我并非榴莲控，甚至有点不习惯榴莲那特殊的味道，但是我必须承认，这款榴莲冻芝士蛋糕很好地缓和了榴莲中那股我不喜欢的气味。

原料

饼干...90 克
黄油...50 克
芝士...120 克
植物奶油..............................130 毫升
牛奶...30 毫升
吉利丁片.......................................2 片
白糖...50 克
榴莲肉......................................适量

工具

搅拌器、勺子各 1 个，玻璃碗 2 个，擀面杖 1 根，圆形模具 1 个，蛋糕刀 1 把，奶锅 1 个

制作过程

1 把饼干装入碗中，用擀面杖捣碎，加入黄油，搅拌均匀。

2 把黄油饼干糊装入圆形模具中，用勺子压实、压平，即成蛋糕底衬。

3 吉利丁片放入清水中浸泡 2 分钟。

4 把牛奶倒入锅中，加入白糖，拌匀，加入植物奶油，搅拌均匀。

5 放入泡软的吉利丁片，搅拌。

6 锅中放入适量榴莲肉，将其搅匀。

7 加入芝士搅拌，煮至溶化，制作成芝士浆。将煮好的芝士浆倒入蛋糕底衬中，抹匀表面，再将其放入冰箱中冷冻 2 小时定型。

8 取出蛋糕，拿走蛋糕模具。用蛋糕刀划过蛋糕底部，取下蛋糕。

9 将榴莲芝士蛋糕装入盘中即可。

烘焙心得

榴莲肉可事先搅成泥状后加入，这样成品的口感更细腻。

舒芙蕾芝士蛋糕

舒芙蕾芝士蛋糕，一个好听的名字，拥有金黄的外表，柔软的内心，给人温暖的感觉。

 原料

芝士	200 克
黄油	45 克
蛋黄	60 克
白糖	20 克
玉米淀粉	10 克
蛋白	95 毫升
白糖	55 克
牛奶	150 毫升

 工具

电动搅拌器、手动搅拌器、长柄刮板各 1 个，烤箱 1 台，圆形模具 1 个

🍲 制作过程

1 牛奶放入锅中，加入黄油，用搅拌器拌匀，煮至溶化。

2 加入白糖，搅拌至溶化，加入芝士，搅拌均匀，煮至溶化。

3 玉米淀粉加入锅中搅拌，放入蛋黄，拌匀，制成蛋糕糊。

4 玻璃碗中倒入蛋白，加入适量白糖，用电动搅拌器快速搅拌均匀，打发至鸡尾状。

5 蛋糕糊加入蛋白中，用长柄刮板拌匀，制成蛋糕浆，倒入圆形模具中。

6 放入预热好的烤箱，设置上下火 160 ℃，烤 15 分钟至熟，将蛋糕脱模装盘即可。

 烘焙心得

牛奶不宜长时间高温蒸煮。因为牛奶中的蛋白质受高温作用，会由溶胶状态转变成凝胶状态，导致沉淀物出现，营养价值降低。

扫一扫，马上学

奶油麦芬蛋糕

制作精巧，奶香浓郁，味道精美，口感松软，让你在咽下第一口的瞬间就彻底爱上它的味道。

 原料

全蛋	210克
盐	3克
低筋面粉	250克
泡打粉	8克
打发植物鲜奶油	90毫升
糖粉	160克
彩针	适量
色拉油	15毫升
牛奶	40毫升

 工具

电动搅拌器1个，裱花袋、裱花嘴各2个，蛋糕杯4个，剪刀1把，烤箱1台，隔热手套1双，玻璃碗1个

🍲 制作过程

1 把全蛋倒入碗中,加入糖粉、盐,快速搅匀;加入泡打粉、低筋面粉,搅成糊状;倒入牛奶,搅匀。

2 加入色拉油,搅成纯滑的蛋糕浆。

3 把蛋糕浆装入裱花袋里,用剪刀剪开一小口。然后把蛋糕浆挤入烤盘蛋糕杯里,装六分满即可。

4 将烤箱上火调为 180 ℃,下火 160 ℃,预热 5 分钟;打开烤箱门,将蛋糕生坯放入烤箱里。

5 关上烤箱门,烘烤 5 分钟至熟;戴上隔热手套,打开烤箱门,取出烤好的蛋糕。

6 把打发好的植物奶油装入套有裱花嘴的裱花袋里,挤在蛋糕上,逐个撒上彩针即可。

烘焙心得

在蛋糕制作前 20 分钟,先把烤箱预热到所需温度,待用。

扫一扫,马上学

喜欢酥脆的酥皮、厚重的奶油霜、酸酸甜甜的水
果叠加在一起做成的水果派；
喜欢精致香甜的松饼，如同海报般色泽鲜艳，让
人难以忘怀；
喜欢热气腾腾的蛋挞，咬上一口，满齿馨香，烫
化内心的柔软。
它们都是让人充满爱意的甜点。

Part5

充满爱意的甜点

追忆甜蜜爱意

12 种精致靓丽点心

焦糖火焰布丁

 原料

鸡蛋	80 克
牛奶	250 毫升
白砂糖	30 克
香草精	3 毫升
粗糖	适量

工具

打蛋器	1 个
喷火器	1 个
烤箱	1 台
筛网	1 个
玻璃碗	1 个
奶锅	1 个

 制作过程

1 鸡蛋、白砂糖、香草精倒入碗中，搅拌均匀。

2 牛奶倒入奶锅中加热到 80℃，冲入蛋液中，拌匀，倒入容器并过筛，制成布丁。

3 烤盘内注水，放入布丁，再放入烤箱内，上火 140℃、下火 130℃烤 30 分钟。

4 取出布丁，撒上粗糖，用火枪将其烤制成焦糖即可。

缤纷鲜果泡芙

🍇 原料

盐	2.5 克
鸡蛋	3 个
黄油	95 克
高筋面粉	50 克
低筋面粉	50 克
牛奶	80 毫升
清水	100 毫升
打发奶油	适量
草莓	适量
猕猴桃	适量

工具

裱花袋、裱花嘴、打蛋器、长柄刮板各1个,烤箱1台,面包刀1把,奶锅1个

🍲 制作过程

1 牛奶、清水、盐、黄油倒入奶锅中,加热煮至开。

2 加入高筋面粉、低筋面粉,搅拌匀,关火,逐个打入鸡蛋,搅拌至顺滑。

3 将拌好的面糊装入裱花袋,逐一挤入烤盘内,放入预热的烤箱内。

4 调上下火 200℃,烤 20 分钟后取出;中间切开,挤入打发奶油,填上水果块即可。

脆皮泡芙

吃多了甜品店里的脆皮泡芙，想换个口味，你不妨自己动手做一个，方法现成的，照着做一点都不难哦！

 原料

细砂糖	120 克
牛奶香粉	5 克
奶油	200 毫升
低筋面粉	100 克
鸡蛋	2 个
牛奶	100 毫升
清水	65 毫升
高筋面粉	65 克
樱桃	适量

 工具

刮板、裱花袋各 1 个，锡纸、保鲜膜各 1 张，锅 1 个

🍲 制作过程

1 将低筋面粉倒在案台上，加入牛奶香粉，用刮板开窝，倒入奶油，撒上细砂糖。

2 混匀，制成面团，揉成圆条状，用保鲜膜包好，冷藏约30分钟，使面团饧发。

3 锅置于火上，倒入清水、牛奶、奶油加热。

4 关火后倒入高筋面粉，分次打入鸡蛋，搅拌至糊状，制成泡芙浆，装入裱花袋，剪开袋底。

5 烤盘中平铺上锡纸，慢慢地挤入泡芙浆，呈宝塔状，制成泡芙生坯。

6 取冷藏好的面团，切成薄片，成脆皮。

7 将脆皮平放在泡芙生坯上，制成脆皮泡芙生坯。

8 生坯入烤箱，烤箱温度设为上火190℃、下火200℃，烤20分钟至熟，取出。

9 将烤好的泡芙摆入盘中，点缀上适量樱桃即可。

烘焙心得

制作泡芙浆时，应趁热倒入高筋面粉，这样搅拌时会轻松一些。

奶油泡芙

平平凡凡的表面，包含香滑的奶油，外脆内软，简单的配合，一流的感觉。

原料

牛奶	110毫升
水	35毫升
黄油	55克
低筋面粉	75克
盐	3克
鸡蛋	2个
植物奶油	适量
糖粉	适量

工具

电动搅拌器、长柄刮板各1个，裱花袋2个，筛网1个，剪刀1把，烤箱1台，奶锅1个

制作过程

1 将奶锅置于灶上，将牛奶、水倒入，搅匀，开火使其沸腾，加入黄油，搅拌至黄油完全熔化。关火，加入盐，倒入低筋面粉，搅拌均匀制成面糊。

2 将面糊倒入容器中，分次打入两个鸡蛋，用电动搅拌器搅匀。

3 用刮板将面糊搅拌片刻，把搅拌好的面糊装入裱花袋中，剪出一个口，在备好的烤盘上依次挤上面糊。

4 将烤盘放入预热好的烤箱内，上火调为190℃，下火调为200℃，烤20分钟，面团变得松软，即为泡芙，然后取出放凉。

5 将植物奶油倒入容器中，用电动搅拌器打至呈凤尾状，装入裱花袋中，用剪刀在裱花袋尖端剪出一个小口。

6 用拇指在放凉的泡芙底部戳出一个小洞，将植物奶油挤入泡芙中，筛上糖粉即可。

烘焙心得

1. 在戳泡芙底部的时候力气不要太大，以免戳穿。

2. 奶油中也可以根据个人口味加入适量糖或者糖粉。

葡式蛋挞

葡式蛋挞口感松软香酥，奶味蛋香浓郁，所用材料比例都是经过专业厨师的严格把关，比普通蛋挞更美味。

🍮 原料

牛奶	100 毫升
鲜奶油	100 克
蛋黄	30 克
细砂糖	5 克
炼奶	5 克
吉士粉	3 克
蛋挞皮	适量

✕ 工具

手动搅拌器	1 个
量杯	1 个
筛网	1 个
奶锅	1 个
烤箱	1 台

🍲 制作过程

1 奶锅置于火上，倒入牛奶，加入细砂糖，开小火，加热至细砂糖全部溶化，搅拌均匀。

2 倒入鲜奶油，加入炼奶，拌匀，倒入吉士粉，拌匀。

3 倒入蛋黄，拌匀，制成蛋挞液关火待用。

4 用筛网将蛋挞液过滤一次，再倒入容器中，再过滤一次，待用。

5 准备好蛋挞皮，把过滤好的蛋挞液倒入蛋挞皮，约八分满即可。

6 打开烤箱门，将烤盘放入烤箱中。

7 关上烤箱门，设置上火为150℃、下火为160℃烤约10分钟至熟。

8 取出烤好的葡式蛋挞，装入盘中即可。

 烘焙心得

1.奶锅开火后要不断搅拌，以免细砂糖煳锅导致成品味道变差。

2.由于挞皮烤熟后会膨胀，所以蛋挞液只需要装到七八分满即可。

扫一扫，马上学

蜜豆蛋挞

狠狠咬上一口，让蜜豆与鸡蛋一同化于舌尖，思想不由自主地跳起了欢快的舞，因为听见了甜蜜的乐章。

 原料

蛋挞液部分：

水	125 毫升
细砂糖	50 克
鸡蛋	100 克
蜜豆	50 克

蛋挞皮部分：

低筋面粉	75 克
糖粉	50 克
黄油	50 克
蛋黄	20 克

 工具

挞模8个，刮板、搅拌器、玻璃碗、杯子、筛网各1个，烤箱1台

🍲 制作过程

1 将低筋面粉倒在案台上，用刮板开窝，倒入糖粉、蛋黄、黄油，混合均匀，揉搓成光滑的面团。

2 把面团搓成长条，用刮板分切成等份的小面团，将小面团放入挞模，把小面团捏在模具内壁上，制成蛋挞皮。

3 把鸡蛋倒入碗中，加入水、细砂糖，用搅拌器搅匀，制成蛋挞液。

4 蛋挞液过筛，装入杯中，再过筛，装回碗中，加入蜜豆，拌匀。

5 蛋挞皮装在烤盘里，逐个倒入蜜豆蛋挞液，装约八分满。

6 放入预热好的烤箱中，将上火、下火均调为 200 ℃，烘烤 10 分钟至熟，取出即可。

烘焙心得

蛋挞皮厚薄要均匀适中，蛋挞液不宜装得过满，以免影响成品的外观和口感。

扫一扫，马上学

烘焙教父：黎国雄妙手烘焙

蛋挞

松脆的挞皮，香甜的黄色凝固蛋浆，在美好的日子里和心爱的人一起品尝，整个人都沉醉其中。

 原料

蛋液	200 毫升
细砂糖	100 克
蛋挞皮	适量
清水	250 毫升

工具

搅拌器	1 个
量杯	1 个
过滤网	1 个
玻璃碗	1 个
烤箱	1 台

制作过程

1 将细砂糖倒进玻璃碗中。

2 加入250毫升清水，用搅拌器搅拌均匀。

3 倒入蛋液，用过滤网将蛋液过滤一次，搅拌均匀。

4 用过滤网将混合液再过滤一次，倒入量杯中。

5 取备好的蛋挞皮，放入烤盘中，把过滤好的混合液倒入蛋挞皮内，八分满即可。

6 打开烤箱门，将烤盘放入烤箱中。

7 关上烤箱，以上火150℃、下火160℃烤10分钟至熟。

8 取出烤盘，把烤好的蛋挞装入盘中即可。

烘焙心得

打蛋液时要多搅拌一会儿，这样做好的蛋挞色泽、口感都更好。

椰挞

椰蓉的清香，如同自南国而来的海风，吹去心头的阴霾，用最朴实的甜美滋味给你最温暖的呵护。

 原料

挞皮部分：

低筋面粉...........................150 克
糖粉....................................100 克
鸡蛋......................................30 克
黄油....................................100 克

挞液部分：

色拉油、纯净水..........各 125 毫升
鸡蛋......................................30 克
椰蓉....................................125 克
糖粉....................................100 克
低筋面粉..............................50 克
泡打粉....................................3 克

 工具

搅拌器、锅、玻璃碗、刮板、裱花袋、
长柄刮板各 1 个，挞模 6 个，烤箱 1 台，
剪刀 1 把

制作过程

1 将低筋面粉倒在案板上，用刮板开窝，加入糖粉和鸡蛋，搅拌均匀。

2 加入黄油，一边翻搅一边按压混匀，制成平滑面团。

3 将一口锅置于灶上，加入色拉油、纯净水，开火加热，搅拌片刻后加入糖粉，搅至糖粉溶化。

4 待糖粉全部溶化后关火，倒入椰蓉拌匀，加入低筋面粉、泡打粉，用搅拌器搅拌均匀。

5 再加入鸡蛋，持续搅拌，将拌好的椰挞馅倒入玻璃碗中。

6 取一个裱花袋撑开，用长柄刮板填入调好的椰挞馅，封好。

7 将面团搓成长条，切成大小均匀的小段，手上蘸些干面粉，取面团搓圆。

8 把面团放入挞模，用拇指将面团压至跟挞模贴合。

9 用剪刀将装有椰挞馅的裱花袋尖端剪出口子。

10 在挞皮内挤入馅料至八分满，制成生坯。将生坯装入烤盘，放入预热好的烤箱。

11 将上下火调为 190℃，时间定为 20 分钟，烤至熟软，20 分钟后取出烤盘，去除模具装盘即可。

烘焙心得

在向挞皮挤入椰挞馅时需用力均匀，不要挤得太满。

奶油松饼

工作时间久了，难免会疲惫，想要好好放松一下，这香浓甜美的点心，必能给你一份好心情。

 原料

牛奶	200 毫升
低筋面粉	180 克
蛋清	3 个
蛋黄	3 个
溶化的黄油	30 克
细砂糖	75 克
泡打粉	5 克
盐	2 克
黄油	适量
打发的鲜奶油	10 毫升

工具

电动搅拌器、三角刮板、搅拌器各 1 个，华夫炉 1 台，蛋糕刀 1 把，玻璃碗 2 个，白纸 1 张

🍲 制作过程

1 将细砂糖、牛奶倒入容器中，拌匀。

2 加入低筋面粉、蛋黄、泡打粉、盐、黄油，搅拌均匀，至其呈糊状。

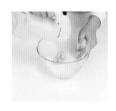

3 将蛋清倒入另一个容器中，搅拌打发。

4 把打发好的蛋清倒入面糊中，搅拌匀。

5 将华夫炉的温度调成200℃，预热，在炉子内涂上黄油，至其熔化。

6 将拌好的面糊倒入炉具中，至其起泡，盖上盖，烤2分钟至熟。

7 取出松饼，放在白纸上，切成4等份。

8 在一块松饼上抹上适量打发鲜奶油，再盖上另一块松饼，依此做剩下的松饼，中间切开装盘。

烘焙心得

奶油不要抹太多，否则成品会显得油腻，影响口感。

扫一扫，马上学

丹麦黄桃派

 原料

酥皮：

高筋面粉	170 克
低筋面粉	30 克
细砂糖	50 克
黄油	20 克
奶粉	12 克
盐	3 克
干酵母	5 克
水	88 毫升
鸡蛋	40 克
片状酥油	70 克

馅料：

奶油杏仁馅	40 克
黄桃肉	50 克

装饰：

巧克力果胶	适量
花生碎	适量

 工具

刮板 1 个，擀面杖 1 根，刷子 1 把，叉子 1 把，烤箱 1 台，玻璃碗 1 个

口感松软，散发着奶油的香气和芳香的黄桃果香，一口下去，仿佛整个世界都被填满一般的满足感充盈心间。

🍲 制作过程

1 将低筋面粉倒入装有高筋面粉的碗中，拌匀，倒入奶粉、干酵母、盐，拌匀，倒在案台上，开窝。

2 倒入水、细砂糖，搅拌均匀，放入鸡蛋，拌匀，加入黄油，揉搓成光滑的面团。

3 用擀面杖将片状酥油擀薄，待用。

4 将面团擀成薄片，放上酥油片，将面皮折叠，再擀平。

5 将面皮折叠成3等份，放入冰箱，冷藏10分钟后取出，继续擀平。将上述动作重复操作两次。

6 取适量酥皮，切平边缘，刷上奶油杏仁馅，放入黄桃肉对折，边缘扎小孔，再刷上巧克力果胶，放入烤盘，撒上花生碎，常温发酵1.5小时。

7 把烤箱上火、下火均调为190℃，预热5分钟，打开箱门，放入发酵好的生坯，关上箱门，烘烤15分钟至熟。

8 戴上手套，打开箱门，将烤好的黄桃派取出即可。

烘焙心得

罐头黄桃肉水分较多，可以选用新鲜的黄桃肉代替。

扫一扫，马上学

147

千丝水果派

色彩斑斓的水果派，以不同的果肉嵌入其中，味道也如同颜色一般多样。

 ## 原料

派底：

面粉	340 克
黄油	200 克
水	90 毫升

派心：

鸡蛋	75 克
细砂糖	100 克
低筋面粉	200 克
肉桂粉	1 克
胡萝卜丝	80 克
菠萝干	70 克
核桃	60 克
黄油	50 克

装饰：

新鲜水果（草莓、蓝莓、红加仑、樱桃等）
适量

🍴 工具

玻璃碗、刮板、长柄刮板各1个，擀面杖1根，刀1把，烤箱1台，派模若干

🍲 制作过程

1 把黄油、水、面粉倒入玻璃碗中，边倒边搅拌均匀。

2 将派底材料拌匀后，放在案台上用擀面杖擀成面饼，用刮板刮去剩余部分，然后整形。

3 将剩余的面团擀成条状，然后绕派模内部一圈，并将派模放进烤箱烘烤约15分钟。

4 把黄油、细砂糖、鸡蛋倒入玻璃碗中拌匀，再倒入低筋面粉、胡萝卜丝、肉桂粉、菠萝干、核桃，搅拌均匀。

5 派底烤好后取出，用长柄刮板将派心放进烤好的派底中。

6 用刀整平表面后，将烤盘放进烤箱烘烤约25分钟。

7 取出烤好的派，冷却后用新鲜水果装饰即可。

 烘焙心得

肉桂粉不仅可以提香，还对人体有很多的好处，比如降血糖、降血脂等。

烘焙教父：黎国雄妙手烘焙

格子松饼

原料

蛋黄	60 克
蛋白	60 克
细砂糖	75 克
黄油	35 克
低筋面粉	180 克
泡打粉	5 克
鲜奶	200 毫升
盐	2 克

✂ 工具

玻璃碗 2 个，电动搅拌器 1 个，长柄刮板 1 个，松饼机 1 台

🍳 制作过程

1 取一个玻璃碗，加入蛋白和细砂糖，用电动搅拌器打发。

2 另取一个玻璃碗，倒入黄油、蛋黄，搅拌均匀。

3 加入低筋面粉，搅匀，再加入泡打粉、鲜奶、盐，继续搅匀。

4 将打好的蛋白部分倒入蛋黄，用刮板搅拌均匀，制成面糊。

5 备好松饼机，调至 150℃，预热 2 分钟。

6 将适量面糊倒入松饼机内，加热至开始冒泡。

7 盖上松饼机盖，等待 1 分钟至松饼成形。

8 掀开盖，将烤好的松饼取出，分切装盘即可。